DENECKE

Der Dienstvertrag

Der Dienstvertrag

Erläutert von

Johannes Denecke

Reichsgerichtsrat und Bundesrichter i. R.

Sonderausgabe
aus „Das Bürgerliche Gesetzbuch“ Kommentar herausgegeben von Reichsgerichtsräten und Bundesrichtern. 11. Auflage
Band II. Recht der Schuldverhältnisse

Berlin 1959

WALTER DE GRUYTER & CO.

vormals G. J. Göschen'sche Verlagshandlung / J. Guttentag, Verlagsbuchhandlung / Georg Reimer / Karl J. Trübner / Veit & Comp.

Archiv-Nr. 22 01 59 a
Satz: Walter de Gruyter & Co., Berlin W 35. Druck: Berliner Buchdruckerei Union GmbH., Berlin SW 61

Vorwort

Auch dieser Sonderabdruck aus der 11. Auflage des RGR-Kommentars zum BGB soll, wie der Sonderabdruck der 10. Auflage, in erster Linie den Arbeitsgerichten und den mit der Wahrnehmung der Rechte der Arbeitnehmer und Arbeitgeber betrauten Vertretern der Organisationen, die sich das ganze Werk nicht anschaffen wollen und können, den derzeitigen Stand der Auslegung der grundlegenden Bestimmungen des Arbeitsvertragsverhältnisses vermitteln. Wie auch in den sonstigen Teilen des Kommentars ist grundsätzlich nur die höchstrichterliche Rechtsprechung, insbesondere die des Bundesarbeitsgerichtes berücksichtigt; nur ausnahmsweise ist auf die Entscheidungen der anderen Gerichte oder auf das Schrifttum verwiesen. Auch ist nicht jeder Sonderfall erörtert, zumal doch meistens die Verhältnisse besonders liegen. Einen Überblick über das gesamte Arbeitsrecht wollen diese Erläuterungen nicht geben. Das ist vielmehr Aufgabe der Lehrbücher oder der Lehrkommentare, nicht aber eines Erläuterungswerkes, das, wie der Reichsgerichtsräte-Kommentar, im wesentlichen der praktischen Anwendung bestimmter Gesetzesbestimmungen dienen soll. Deshalb ist auch auf die Sondergesetze des Arbeitsrechts und insbesondere auf das kollektive Recht nur insoweit eingegangen, als sie für die Auslegung der §§ 611—630 von Bedeutung sind.

Februar 1959 Denecke

Sechster Titel

Dienstvertrag

Vorbemerkungen

Übersicht

I. Rechtliche Natur des Dienstvertrages

Anm. 1

Das BGB hat den Dienstvertrag ebenso wie den Werkvertrag, den Kaufvertrag u. a. als ein Schuldverhältnis betrachtet, das auf den Austausch von Leistung und Gegenleistung (Arbeit gegen Lohn) gerichtet ist, und ihn daher den Bestimmungen des gegenseitigen Vertrages (§§ 320 ff.) unterworfen, ohne hinreichend zu beachten, daß wesensmäßig ein Unterschied besteht, ob die Dienste von jemandem geleistet werden, der dem Dienstberechtigten gegenüber, abgesehen von einzelnen Anweisungen über die Art der Dienste, unabhängig ist, die zu erbringenden Arbeiten im wesentlichen nach eigenem Ermessen ausführen kann, oder von jemandem, der die Arbeiten innerhalb des Betriebes eines anderen zusammen mit anderen Dienstverpflichteten nach den Weisungen und Anordnungen und unter ständiger Aufsicht des Dienstberechtigten und seiner Vertreter auszuführen hat, also nach Zeit, Dauer, Ort und Ausführung dem Weisungsrecht (Direktionsrecht) des Unternehmers unterliegt, außerdem seine ganze

Arbeitskraft zur Verfügung stellen muß und daher auch hinsichtlich seiner sonstigen Lebensgestaltung und Lebenshaltung weitgehend von den anderen abhängig ist. Zwar wurde in zwei Fällen ein Anspruch auf Fortzahlung des Lohnes ohne Leistung von Arbeit gewährt (§§ 615, 616) und dem Dienstberechtigten im begrenzten Umfange Fürsorgepflichten auferlegt (§§ 617, 618). Die ersteren wurden aber als eine Ausnahme von dem strengen Gegenseitigkeitsprinzip und die aus letzteren entspringenden Leistungen als ein zusätzliches Entgelt betrachtet, im Grunde also für beide Arten an dem individualistischen Grundsatze des gegenseitigen Vertrages festgehalten. Völlig unberücksichtigt blieb deshalb, daß die Arbeiten im Betriebe meistens nur im Zusammenhange mit anderen Dienstverpflichteten geleistet werden können, also zahlreiche Dienstverhältnisse nebeneinander bestehen, die mehr oder weniger voneinander abhängig sind, und daß die Arbeiter wegen ihrer wirtschaftlichen Unterlegenheit auch sonst dem Dienstberechtigten kollektiv gegenübertreten. Hierin trat nach dem ersten Weltkrieg eine grundsätzliche Wandlung ein. Es bildeten sich für abhängige Arbeit Grundsätze heraus, die sich immer mehr von dem schuldrechtlichen Charakter des Dienstvertrages entfernten, ihre Grundlage in der aus der betrieblichen Zusammenarbeit sich ergebenden Verbundenheit und in der kollektiven Gestaltung des Arbeitsverhältnisses fanden. Diese Entwicklung wurde während der Geltung des Gesetzes zur Ordnung der nationalen Arbeit vom 20. 1. 1934 nicht unterbrochen, da dieses in Hinsicht auf das Wesen des abhängigen Dienstverhältnisses nur die bisher schon entwickelten Grundsätze sich zu eigen machte und der von ihm eingeführte Führergrundsatz daran nichts Wesentliches änderte. Die neue Auffassung über das Arbeitsverhältnis als ein personenrechtliches Gemeinschaftsverhältnis setzte sich endgültig durch und ist auch heute herrschend (Hueck-Nipperdey, Lehrbuch I 116; Nikisch, Arbeitsrecht I 149; st. Rspr. vgl. BAG 2, 224: 3, 158 u. a., **BGH** 10, 196).

Es bestehen somit heute zwei Arten von Dienstverhältnissen, die sowohl ihrer Grundlage wie ihrem Wesen nach verschieden sind, nämlich das Dienstverhältnis der selbständig Tätigen, das nach wie vor grundsätzlich ein auf Leistung und Gegenleistung beruhendes Schuldverhältnis ist, und das Dienstverhältnis der abhängigen Arbeiter, das sog. Arbeitsverhältnis, das zwar einzelne schuldrechtliche Elemente hat, aber im wesentlichen ein auf Treue und Fürsorge beruhendes, personenrechtliches Gemeinschaftsverhältnis ist, auf das die Vorschriften des BGB, namentlich die des gegenseitigen Vertrages, nur noch anwendbar sind, soweit sie sich mit dem Wesen des Arbeitsverhältnisses vereinbaren lassen.

II. Dienstverhältnis der selbständig Tätigen

Anm. 2

1. Der Begriff der selbständigen Tätigkeit: Entscheidend ist nicht die wirtschaftliche Abhängigkeit (h. M. **RAG** ArbRSaml. 8, 451; Dersch zu AP 51 Nr. 154), sondern das Maß der persönlichen Freiheit, d. h. die Freiheit, Art und Weise der zur Erbringung der Leistung erforderlichen Arbeiten zu bestimmen und die Arbeitszeit selbst einzuteilen. Das schließt nicht aus, daß der Dienstberechtigte gewisse Anweisungen über Umfang und Art der Arbeit, auch über den Ort und die Zeit, in der sie geleistet werden soll, geben kann, falls dies nicht schon bei Vertragsschluß festgelegt ist. Bedeutsam ist auch der Umfang der Berichterstattung und Rechnungslegung, sie darf nicht bis ins einzelne gehen, einer ständigen Beaufsichtigung gleichkommen. Ein Handelsvertreter, der nur für eine Firma tätig sein darf, die Kunden nach ganz bestimmten Anweisungen und Plänen besuchen muß, über seine Tätigkeit täglich Bericht zu erstatten hat und während der nicht zum Kundenbesuch benutzten Zeit anderweit für den Dienstberechtigten tätig sein muß, ist kein selbständiger Gewerbetreibender, sondern Arbeitnehmer, auch wenn er nur auf Provision angestellt ist, also ein gewisses Geschäftsrisiko zu tragen hat (vgl. § 84 Abs. 2 HGB, für solche Handelsvertreter können aber jetzt Mindestarbeitsbedingungen durch Rechtsverordnung festgesetzt werden, § 92a HGB). Ebenso kann ein Arbeitsverhältnis vorliegen, wenn im Hoch- und Tiefbaugewerbe ein Schachtmeister, Polier oder Führer einer Putzerkolonne für sich oder eine Arbeitergruppe einen Teil des einem Bauunternehmer übertragenen Auftrages für eigene Rechnung oder wie z. B.

ein Ziegelmeister bestimmte Arbeiten zu einem festen Preise übernommen hat, selbst wenn die weiteren Zahlungsbedingungen dem Entgelt den Charakter eines Werklohnes geben, falls die Ausführung der Arbeit sowohl in ihrer Art wie in zeitlicher Hinsicht in großem Umfange an die Weisungen des Unternehmers gebunden ist, so daß dem Zwischenmeister oder der Arbeitergruppe wenig Freiheit bleibt, ihre Stellung sich nicht wesentlich von der eines Betriebsarbeiters unterscheidet (RAG ArbRSaml. 25, 251; 31, 381; 37, 392).

Anm. 3

2. **Die Arten der selbständigen Tätigkeit:** In Frage kommen in erster Linie die sog. **freien Berufe mit Dienstleistungen höherer Art,** wie Arzt, Architekt, Anwalt, Rechtsberater, Steuerberater, Buch- und Wirtschaftsprüfer, Stundenbuchhalter, Inhaber von Ingenieurbüros, Laboratorien, statistischen Büros, Auskunfteien, selbständige Privatlehrer, weiter die selbständigen Handlungsvertreter, Kommissionäre, Spediteure, die für einen größeren Kreis von Kunden tätig sind. Aber auch die einfachsten sog. **Gelegenheitsarbeiten** gehören hierher, wie Fensterputzen, Teppichklopfen, Holz zerkleinern, Kohlen tragen, Garten- und Hausarbeiten sowie die Tätigkeit einer Stenotypistin eines Privatgelehrten oder Schriftstellers, wenn sie nur gelegentlich oder in größeren Zeitabständen zu leisten sind und der diese Arbeiten Verrichtende weder in den Betrieb noch in den Haushalt fest eingeordnet ist. Bei beiden Tätigkeiten kann allerdings auch ein Werkvertrag vorliegen, wenn nämlich die Herbeiführung eines bestimmten Erfolges Vertragsinhalt, nicht nur Vertragszweck ist, die Erreichung des bestimmten Erfolges in der Macht des Dienstverpflichteten liegt und dieser für die Erreichung des Erfolges vorzugsweise verantwortlich sein soll. Darauf kann insbesondere hindeuten, daß für die zu leistende Arbeit ein fester Betrag oder ein Leistungslohn (Provision) gezahlt wird, entscheidend ist das aber allein nicht, da auch bei einem Dienstvertrag Leistungslöhne anstatt von Zeitlöhnen üblich sind.

Anm. 4

3. **Die rechtliche Behandlung:** Auf den Dienstvertrag der Selbständigen finden die Regeln des BGB im vollen Umfange Anwendung, insbesondere auch die Grundsätze über die Abhängigkeit von Leistung und Gegenleistung und die Regeln des Auftragsrechts gemäß § 675 (vgl. Anm. 1 dort) und der Risikotragung (vgl. dagegen Anm. 20). Soweit nicht nur einmalige, vorübergehende Dienstleistungen in Frage kommen, sondern das Dienstverhältnis längere Zeit mit regelmäßig wiederkehrenden Leistungen dauert, greifen aber auch die für das Vertragsrecht auf Grund des § 242 BGB entwickelten Grundsätze über Verschulden beim Vertragsschluß und über positive Vertragsverletzungen ein. Die Vertragspartner haben einander nicht nur bei den Vorverhandlungen über alle Umstände zu unterrichten, die zu einer Vereitelung des Vertragszweckes führen könnten oder für die Ausführung bedeutsam sind, sondern auch nach Vertragsschluß darüber aufzuklären, weiter gewisse Obhuts-, Erhaltungs- und Aufbewahrungspflichten und nach Beendigung gewisse Auskunftspflichten, Schweigepflichten und Pflichten zur Unterlassung von Wettbewerb. Die beiderseitigen Pflichten beschränken sich also bei solchem Dienstverhältnis nicht nur auf die Leistung der Dienste und Zahlung des Lohnes, das Dienstverhältnis nähert sich, je länger es besteht und bestehen soll, dem Arbeitsverhältnis, wenn auch eine echte Treu- und Fürsorgepflicht wie bei dem personenrechtlichen Arbeitsverhältnis und anderen Gemeinschaftsverhältnissen nicht bestehen kann.

Anm. 5

4. **Die Vorstandsmitglieder juristischer Personen:** Dies gilt insbesondere für das Dienstverhältnis der Vorstandsmitglieder von Handelsgesellschaften und anderen juristischen Personen. Soweit sie nämlich hauptberuflich tätig sind, leisten sie Dienste für die Gesellschaft, da ihre Tätigkeit sich nicht nur in der Wahrnehmung der Funktionen eines gesetzlichen Vertreters erschöpft, sondern die allgemeine kaufmännische und technische Leitung des Unternehmens umfaßt. Wenn dieses Dienstverhältnis auch kein Arbeitsverhältnis ist, weil die Vorstandsmitglieder die Arbeitgeberbefugnisse wahrzu-

nehmen haben, selbst nicht abhängig sind (§ 70 I HGB), so ist es doch in aller Regel ein Dauerverhältnis und kommt, zumal zwischen ihnen und der Gesellschaft weitgehend Treuepflichten bestehen (**BGH** 10, 187), einem Arbeitsverhältnis sehr nahe (h. M. **RG** 120, 300, **RAG** ARS 7, 157), so daß unter Umständen einzelne für dieses geltende Grundsätze entsprechend anwendbar sind. So kann es z. B. bei besonderen Verhältnissen gerechtfertigt sein, dem Vorstandsmitglied bei unverschuldeter Verhinderung der Dienstleistung das Gehalt eine gewisse Zeit fortzuzahlen (**BGH** 8, 359, 10, 137). Auch die Gewährung eines Ruhegehaltes kann nach längerer Dienstzeit angebracht erscheinen. Jedoch bedarf es hierzu ebenso wie bei den übrigen Arbeitnehmern eines besonderen Rechtsgrundes, einer wirksamen Zusage oder zum mindesten eines nur für die Vorstandsmitglieder und leitenden Angestellten bestehenden Brauches, dagegen genügt nicht eine für die sonstigen Angestellten und Arbeiter bestehende Ruhegeldordnung oder eine ständige Übung (**BGH** 12, 137; 18, 334). Auch bei ihnen ist aber eine Kürzung oder Fortfall der Ruhegelder zulässig, wenn die finanzielle Lage des Unternehmers sich wesentlich geändert hat, z. B. die Dividenden jahrelang ausfallen oder das Kapital zusammengelegt werden mußte, namentlich, wenn dies während der Zeit der Geschäftsführung des Ruhegehaltberechtigten geschah oder darauf beruht. Auf ein Verschulden kommt es nicht an, es genügt, daß er die Verantwortung für die Geschäftsführung hatte, da der Vorstand insoweit ein gleiches Risiko wie der selbständige Unternehmer trägt (vgl. auch § 78 II AG). Auch ein treuwidriges Verhalten, z. B. unzulässiger Wettbewerb nach dem Ausscheiden kann zu einer Änderung des Ruhegehaltsanspruches führen (**BGH** 7, 136, RDA 52, 43, vgl. auch Anm. 22). Ferner gelten, da die Vorstandsmitglieder in den Betrieb, wenn auch als deren Leiter, eingegliedert sind, für sie die Tarifbestimmungen über betriebliche Fragen (§ 3 II TVG), zum mindesten wird eine Reihe solcher betrieblicher Ordnungsbestimmungen und materieller Grundsätze für sie entsprechend anwendbar sein (**RAG** ArbRSaml. 45, 310). Dagegen sind auf ihr Dienstverhältnis die Arbeitsschutzbestimmungen nicht anwendbar. Dies ist für die Arbeitszeitnormen im § 1 II Ziff. 1 AZO ausdrücklich ausgesprochen, ebenso im § 5 II b SchwerbG und § 12 des Kündigungsschutzgesetzes und muß, entgegen **RAG** ArbRSaml. 7, 156 auch für das Kündigungsschutzgesetz für Angestellte vom 9. 7. 1926 gelten (**BGH** 12, 1). Auch genießen sie nicht das Vorrecht des § 61 KO (h. M. **RG** 120, 300; 150, 99). Im allgemeinen wird in der Abberufung oder in dem Widerruf der Bestellung zum Vorstandsmitglied zugleich auch eine Kündigung des Dienstverhältnisses, sei es mit der vertraglichen Kündigungsfrist oder unter Umständen fristlos, liegen (**BGH** 12, 107, 18, 334), wenn auch rechtlich die Wahrnehmung der Funktionen des gesetzlichen Vertreters der Gesellschaft und der kaufmännischen und technischen Leitung des Unternehmens voneinander unabhängig sind und insbesondere das Fehlen des Dienstvertrages die Wahrnehmung der Organbefugnisse nicht ausschließt, die Beendigung desselben die Organbefugnisse wenigstens nach außen nicht nimmt, es hierzu vielmehr einer besonderen Verlautbarung, insbesondere der Eintragung im Handelsregister bedarf (§ 15 HGB).

III. Arbeitsverhältnis

Anm. 6

1. Wesen des Arbeitsverhältnisses: Es ist das Dienstverhältnis derjenigen Werktätigen, die ihre Arbeitskraft einem anderen, dem Unternehmer allgemein und nicht nur zu im voraus bestimmten Einzelleistungen zur Verfügung stellen, unter Führung und Aufsicht des Unternehmers in dessen Betrieb tätig werden und deshalb dessen Ordnung unterworfen sind, also alle im Gewerbe (auch Theater- und Schaustellergewerbe), Handel und Verkehr, Landwirtschaft, der privaten und öffentlichen Verwaltung, aber auch im Haushalt tätigen Arbeiter und Angestellten, ohne Rücksicht auf die Höhe des Verdienstes und den volkswirtschaftlichen Wert ihrer Leistungen. Zu Arbeitnehmern in diesem Sinne gehören auch die in einem mittelbaren Arbeitsverhältnis stehenden (**RAG** ArbRSlg. 39, 69), d. h. die von einem Arbeitnehmer (Hausmeister, Hofgänger und dgl.) herangezogenen Hilfspersonen. Ferner in der Regel auch die Mitglieder von Musikkapellen, Theater- und Varietégruppen, die regelmäßig in Wirtschaften, Kur- oder Badeorten, Rundfunk (**BAG** 4, 93) tätig sind, gleichgültig, ob der Vertrag mit dem

Unternehmer oder der Kurverwaltung von dem Kapellmeister oder Gruppenleiter für eigene Rechnung, für Rechnung der Kapelle oder der Gruppe oder von den einzelnen Mitgliedern geschlossen, mitunterschrieben wird. Nur wenn die Kapelle oder Gruppe durch die besondere künstlerische Leistung, insbesondere des Leiters ihr Gepräge erhält, wird anzunehmen sein, daß die Gruppe einen Werkvertrag oder der Leiter für sich einen Werk- oder Dienstvertrag und einen Dienstverschaffungsvertrag hinsichtlich der übrigen Mitglieder schließen will, diese nur zu ihm, nicht zu dem Unternehmer in Vertragsbeziehungen treten sollen (**RAG** ArbRSlg. 13, 327; 38, 139; 40, 351 **LAG** Frankfurt AP, 52 Nr. 68). Danach richtet sich auch die Zulässigkeit der Kündigungsschutzklage gegen den Unternehmer (**BAG** 4, 93). Dagegen besteht kein Arbeitsverhältnis, wenn ein Kind gemäß § 1617 im Geschäft des Vaters tätig ist, es sei denn, daß die Tätigkeit über den Rahmen der üblichen Tätigkeit eines Kindes hinausgeht, sie in vollem Umfange die Tätigkeit eines Angestellten oder eines Arbeiters ausüben und eine feste Entschädigung erhalten (**RAG** ArbRSlg. 38, 349; 39, 97; AP 50 Nr. 108; 209. **BGH** BB 53, 97 BSozG AP § 611 BGB Arbeitsverh. zw. Eltern u. Kindern Nr. 2; es kann aber auch ein Gesellschaftsverhältnis vorliegen: **BGH** 8, 249). Bei Verwandten weiteren Grades, einem Stiefsohn oder einem Verlobten liegt dagegen ein Arbeitsverhältnis vor, falls es sich nicht nur um reine Gefälligkeitstätigkeiten handelt (vgl. **RAG** ArbRSlg. 31, 3; 37, 263; AP 50, 220). Die Tätigkeit eines Ehegatten im Geschäft des andern ist familienrechtlicher Art, wenn er das Geschäft für den anderen oder gemeinschaftlich mit diesem zwecks gemeinsamer Gewinnung des Lebensunterhaltes führt oder wenn er neben seinem Beruf in dem Geschäft unterstützend, z. B. bei der Buchführung oder beim Schriftverkehr tätig ist. Bleibt aber die Frau nach der Eheschließung die alleinige Leiterin, trifft sie allein die erforderlichen Entscheidungen und ist der Mann unter ihr tätig, so liegt ein Arbeitsverhältnis vor, auch wenn der Mann kein festes Gehalt erhält. Von dieser besonderen Gestaltung wird es abhängen, welche Ansprüche der Mann oder die Frau bei späterer Auflösung der Ehe für die frühere Tätigkeit stellen kann (vgl. jetzt auch §§ 1366, 1372 BGB) und ob währenddessen eine Pfändung nach § 850 ZPO möglich ist (**RAG** ArbRSlg. 47, 33).

Anm. 7

Keine Arbeitnehmer sind auch die **Heimarbeiter**, da sie nicht im Betriebe einer anderen, sondern in der eigenen Wohnung oder selbstgewählter Betriebsstätte ohne ständige Aufsicht des Unternehmers tätig sind, Umfang und Zeit ihrer Arbeit selbst bestimmen. Wenn sie meistens auch von dem Unternehmer wirtschaftlich abhängig sind, sind sie doch persönlich unabhängig, allerdings nicht wie der Hausgewerbetreibende selbständige Gewerbetreibende. Denn sie schließen mit dem Unternehmer meistens keine Lieferverträge oder Werkverträge, sondern Verträge über bestimmte Arbeitsleistungen ab, leisten also Dienste; stehen freilich in vieler Hinsicht wegen ihrer wirtschaftlichen Abhängigkeit den Arbeitnehmern gleich. Sie sind daher arbeitnehmerähnliche Personen i. S. des § 5 ArbGG, unterliegen gewissen Sozialversicherungsbestimmungen (§§ 162, 165, 1226 RVO, § 75c AVAVG). Auch sind hinsichtlich der Arbeitszeit, der Betriebsstätten und des Entgelts besondere Schutzbestimmungen ergangen, indem Anordnungen über die Begrenzung der ihnen zuzuteilenden Arbeitsmengen erlassen werden können, ihre Betriebsstätten einer besonderen Aufsicht unterstellt werden und die Entgelte grundsätzlich durch Gesamtvereinbarungen festzulegen sind. Wegen der Einzelheiten vgl. das Heimarbeitergesetz v. 14. 3. 1951 (BGBl. I 191).

Anm. 8

Zu den Arbeitnehmern gehören auch nicht Strafgefangene, die in einer Heil- und Pflegeanstalt betreuten Personen, selbst wenn sie zur Arbeit herangezogen werden (**RAG** ArbRS 29, 121) oder die auf Grund eines religiösen Gelöbnisses Tätigen; ferner nicht Arbeitslose, denen nach § 91 AVAVG Pflichtarbeiten zugewiesen werden, und Fürsorgearbeiter, deren Unterstützung nach § 19 FürsorgepflichtVO von Pflichtarbeiten abhängig gemacht ist, falls es sich dabei um gemeinnützige Arbeiten handelt (**RAG** ArbRS 34, 316). Dagegen sind die bei Notstandsarbeiten Beschäftigten Arbeitnehmer, da mit ihnen auf Grund der Zuweisung ein Arbeitsvertrag abzuschließen ist, dessen Inhalt allerdings weitgehend von der Verwaltung bestimmt werden kann (vgl. § 139 IV AVAVG; **RAG** ArbRS 18, 107, 195).

Anm. 9

Für die den größeren Teil der Bevölkerung bildenden, unselbständigen Werktätigen hat sich nun, ausgehend von BGB, HGB, GewO, Pr. ABG, aber wesentlich beeinflußt von Sondergesetzen (TarifvertragsVO, Betriebsrätegesetz, Arbeitsschutzgesetze) und vor allem durch das kollektive Recht ein Sonderrecht herausgebildet, das in wesentlichen Beziehungen von dem Dienstrecht des bürgerlichen Rechtes abweicht, da die Auslegung der gesetzlichen Bestimmungen weitgehend durch die Schutzbedürftigkeit der Arbeitnehmer beeinflußt wird und das sozialrechtliche Schutzprinzip des Art. 20 GG dem Arbeitgeber unabhängig von vertraglichen Abmachungen und dem erklärten Vertragswillen Pflichten auferlegt; denn das Arbeitsrecht ist im wesentlichen ein Arbeitnehmerschutzrecht (vgl. Hueck-Nipperdey Lehrbuch I 25f., Dersch in Festgabe für Herschel S. 74). Von ihm können hier und im folgenden nur die allgemeinen Grundsätze aufgezeigt werden, während wegen der Einzelheiten auf das Schrifttum zum Arbeitsrecht, insbesondere die Gesamtdarstellungen von Hueck-Nipperdey, Lehrbuch, 6. Aufl., Bd. I, Nikisch, Arbeitsrecht, 2. Aufl., auf die Kommentare zum Kündigungsschutzgesetz, Tarifvertragsgesetz, Arbeitszeitordnung, und auf die Entscheidungssammlungen (Arbeitsrechtssammlung und Arbeitsrechtliche Praxis) verwiesen werden muß.

2. Die Treupflicht: Die Pflichten beider Vertragspartner, Arbeitgeber und Arbeitnehmer, erschöpfen sich nicht mit der Leistung der vereinbarten Dienste und des Lohnes, beide haben vielmehr eine allgemeine Treupflicht, der Arbeitgeber insbesondere eine Fürsorgepflicht.

Anm. 10

a) Die Treupflicht des Arbeitnehmers: Kraft seiner Treupflicht ist der Arbeitnehmer gehalten, wenn es besondere Umstände des Betriebes erfordern, auch andere als die vereinbarte Arbeit, insbesondere Mehrarbeit innerhalb der gesetzlichen Grenzen zu leisten. Dagegen folgt eine Pflicht zur Arbeitsleistung nicht schon aus den gesetzlichen Arbeitszeitvorschriften (h. M.). Weiter hat der Arbeitnehmer sich nach besten Kräften für das Wohl des Betriebes einzusetzen und alles zu unterlassen, was den berechtigten Interessen des Unternehmers und des Betriebes zuwiderläuft (**RAG** ArbRSlg. 37, 269; **BGH** AP § 611 Nr. 1 Treupflicht). Er darf insbesondere Geschäfts- und Betriebsgeheimnisse (auch Erfindungen) nicht anderen preisgeben und ohne Zustimmung des AG auch nicht für sich verwerten und muß während der Dauer des Arbeitsverhältnisses jeden Wettbewerb, sei es auch nur durch Beteiligung irgendwelcher Art bei einem anderen Unternehmen, unterlassen, jedoch kann der Angestellte schon vor Ende des Arbeitsverhältnisses Vorbereitungen für ein Wettbewerbsunternehmen treffen, das er nach Beendigung betreiben will (**RAG** ARS 35, 168; **BAG** AP Nr. 3 zu § 611 Treupflicht). Ob ein Wettbewerbsverbot auch für die Zeit nach Beendigung des Arbeitsverhältnisses außerhalb der Vorschriften der §§ 74ff. HGB 133ff. GewO auf Grund der allgemeinen Treupflicht besteht, wird sich nur von Fall zu Fall unter Berücksichtigung der besonderen Umstände sagen lassen (vgl. **RG** 65, 333; HHR 1937 Nr. 1182; **BGH** AP Nr. 1 zu 60 HGB. Dietz Festschr. f. Hedemann 1938, 330), so insbesondere auch, wenn der AN nach dem Ausscheiden aus dem Betrieb noch Leistungen von dem AG erhält, z. B. Ruhegehalt (**RAG** ArbSaml. 37, 145; 336; **OGH** Köln, RdA 51, 72), aber nicht Vergütungen für Erfindungen (ArbRS 32, 304).

Anm. 11

b) Die Fürsorgepflicht des Arbeitgebers: Diese geht über den in den §§ 618 BGB, 62 HGB, 120ff. GewO festgelegten Umfang hinaus. Der Arbeitgeber hat allgemein, auch bei Inanspruchnahme des AN zu den vertraglichen Leistungen auf das Wohl und die Gesundheit des AN Rücksicht zu nehmen, alle erforderlichen Schutzmaßnahmen, insbesondere bei Gefahr der Ansteckung (**RAG** ARS 26, 13, 123; 29, 355) zu treffen und ihre Anwendung zu beachten, darf vor allem Arbeitsschutzbestimmungen nicht mißachten, aber auch von den ihm nach der AZO gegebenen Möglichkeiten zur Verlängerung der Arbeit nicht im Übermaß Gebrauch machen, anderenfalls er für die eingetretene Gesundheitsschädigung einzustehen hat (**RAG** ARS 4, 257; 15, 144; 24, 15). Er hat ferner dem AN eine sichere Unterbringung seiner Kleidung und Werkzeuge während und nach der Arbeit zu ermöglichen, sie u. U. zu versichern (vgl. Bulla RdA, 50, 88; Denecke BB 50, 27; Gumpert BB 57, 114; AP § 618 Nr. 2, 3), unter Umständen auch Zufallschäden zu ersetzen (vgl. Anm. 20). Über die Haftung von Musikinstrumenten und Noten vgl. LAG Stuttgart AP 52 Nr. 108; Düsseldorf AP 53 Nr. 98. Nach Beendigung des Arbeitsverhältnisses hat er auf Verlangen wahrheitsgemäß Auskunft über die Leistungen und Verhalten der AN zu geben, ihm insbesondere ein Zeugnis zu erteilen (vgl. § 630 Anm. 37), im übrigen endet die Fürsorgepflicht grundsätzlich mit dem Ende des Arbeitsverhältnisses, nur unter ganz besonderen Umständen können noch Ansprüche daraus hergeleitet werden (**BAG** 3, 119, 139, 332). Über Fürsorgepflicht bei Vertragsschluß vgl. **BAG** 2, 267; 5, 184.

Anm. 12

c) Der Grundsatz der Gleichbehandlung: Aus der Fürsorgepflicht hat das **RAG** in ständiger Rechtsprechung (ARS 33, 172, 216; 46, 109, 251; 47, 109, 112 u. a.) den Grundsatz hergeleitet, daß bei Gewährung zusätzlicher Leistungen (z. B. Weihnachtsgratifikation, Ruhegeld) einzelne Arbeitnehmer gegenüber anderen nicht willkürlich oder ohne triftigen Grund schlechter gestellt werden dürfen. Dieser Grundsatz der Gleichbehandlung, der nicht mit dem Grundsatz der Gleichheit aus Art. 3 GG zu verwechseln ist (**BAG** 3, 31, 183), hat in der Rechtslehre wie auch in der Nachkriegsrechtsprechung, insbesondere auch des **BAG** allgemeine Anerkennung gefunden und ist heute einer der wichtigsten Grundsätze des Arbeitsrechts geworden, darf aber auch nicht überspannt werden, insbesondere darf die dem Arbeitgeber zustehende Vertragsfreiheit in der Gestaltung des einzelnen Arbeitsvertrages nicht gänzlich ausgeschaltet werden. Es kann also nicht schon daraus, daß einem oder wenigen Arbeitnehmern besondere Leistungszulagen (Provisionen, Prämien, Mehrarbeitsvergütungen, Aufwandsentschädigungen u. a.), übertarifliches Gehalt oder höhere Einstufungen (**BAG** AP Nr. 4, 58 zu § 242 Gleichbehandlung; AP Nr. 6 zu § 6 TOA) zugesagt oder gewährt werden, ein gleicher Anspruch hergeleitet werden, selbst wenn dieselbe Arbeit geleistet wird oder die Verhältnisse bei den anderen ähnlich liegen. Auch daß in anderen Betrieben, sei es auch desselben Unternehmens, ähnliche Leistungen gewährt werden, genügt nicht, da die Treu- und Fürsorgepflicht immer nur innerhalb einer Gemeinschaft besteht und eine solche nur innerhalb desselben Betriebes gegeben ist (**BAG** AP Nr. 1 zu Art. 9 GG). Die Anwendung des Gleichbehandlungsgrundsatzes setzt vielmehr voraus, daß für alle oder bestimmte Gruppen der Betriebsmitglieder eine allgemeine Regelung über die Gewährung solcher Leistungen besteht, sei es auf Grund gleichlautender Einzelvereinbarungen mit der Mehrzahl der in Frage kommenden Betriebsangehörigen, sei es durch Bekanntgabe bestimmter Grundsätze für die Gewährung, bei Behörden insbesondere durch Verwaltungsanordnungen oder Dienstanweisungen (**BAG** 3, 254), sei es auf Grund einer tatsächlichen Übung während längerer Zeit (bei Weihnachtsgratifikation mindestens 3 Jahre s. u. Anm. 21). Auch stehen Abreden darüber, daß ein Anspruch auf die anderen zustehenden Sonderleistungen nicht gegeben sein solle, mit dem Gleichheitsgrundsatz nicht in Widerspruch. Die Unwirksamkeit solcher Abreden kann vielmehr nur mit den allgemeinen Rechtsbehelfen (Anfechtung nach §§ 119, 123 BGB oder Nichtigkeit nach §§ 134, 138 BGB) geltend gemacht werden. — Vor allem kann aus dem Gleichheitsgrundsatz nicht entgegen § 4 Abs. 1 TVG der Tariflohn von den nichttarifgebundenen Arbeitnehmern verlangt werden (h. M.) Wohl aber kann ein solcher Anspruch gegeben sein, wenn bei der Einstellung irgendwelche Lohnabreden nicht getroffen sind, da dann die Zahlung des Tariflohnes als selbstverständlicher Bestandteil des Arbeitsvertrages anzusehen ist, zumal in großen Betrieben oder Verwaltungen, in denen eine unterschiedliche Regelung der Löhne und Gehälter der Organisierten und Nichtorganisierten praktisch nur schwer durchführbar ist und nicht durchgeführt wird.

Anm. 13

Nicht anwendbar ist der Grundsatz der Gleichbehandlung bei Kündigung und zwar sowohl bei den befristeten wie unbefristeten, da in jedem Falle nicht bloß das Verhalten des Arbeitnehmers, sondern auch die betrieblichen und persönlichen Verhältnisse zu würdigen sind, also auch bei gleichen Verfehlungen die Zumutbarkeit der Weiterbeschäftigung verschieden zu beurteilen ist (h. M. **BAG** AP Nr. 3 zu § 13 KSchGes.). Wohl aber kann der Grundsatz der Gleichbehandlung in Frage kommen bei Ausübung des Direktionsrechts, namentlich bei der Einteilung zu besonders lästigen Arbeiten (Mehrarbeit, Nacht- und Sonntagsarbeit, Notstandsarbeiten); Verteilung bei Kurzarbeit (AP 51 Nr. 171, 172 mit Anm.).

Anm. 14

Nach Beendigung des Arbeitsverhältnisses kann der Gleichheitsgrundsatz, abgesehen vielleicht von nachträglich bewilligten Teuerungszulagen (AP Nr. 1 zu § 242 Gleichbehandlung) nicht mehr geltend gemacht werden **BAG** 1, 291 [315]; 2, 6, insbesondere keine Ansprüche auf Wiedereinstellung bei Wiederaufnahme der Arbeit nach Betriebsstillegung oder größeren Betriebsumschreibungen, falls nicht in dieser Hinsicht besondere Zusagen gemacht sind (LAG Hamm u. Hannover AP 54 Nr. 7, 149), vor allem auch nicht nach Beendigung eines Streikes **BAG** 1, 291.

Anm. 15

3. Anwendung schuldrechtlicher Begriffe: Schuldrechtliche Begriffe und Grundsätze sind nur anwendbar, soweit sie mit dem Wesen des Arbeitsverhältnisses vereinbar sind. Dies trifft nicht zu bei den Vorschriften der §§ 323—326, da sie auf Leistungsstörungen bei Austausch im voraus bestimmter Leistungen abgestellt sind, aber auf das Arbeitsverhältnis nicht passen, weil die Arbeit hier nicht immer die gleiche bleibt, sondern von den veränderlichen betrieblichen Verhältnissen abhängt, meistens nur im Zusammenhange mit anderen Arbeitspersonen auszuführen ist, so daß Leistungsstörungen vielfach aus dem Verhalten solcher Dritter entstehen können (z. T. bei Teilstreik, **RG** 106, 257, **BAG** 3, 346). Auch kennt das BGB nur den Fortfall oder das Bestehenbleiben der Gegenleistung, während im Arbeitsverhältnis Billigkeit und soziales Empfinden u. U. ein zeitweiliges oder teilweises Fortbestehen der Lohnzahlungspflicht erfordern, weil der Lohn die alleinige Lebensgrundlage für den AN und seine Familie bildet (**RAG** ArbRSlg. 37, 231; 40, 351; 43, 168; **BAG** 3, 188). Die Treu- und Fürsorgepflicht des AG kann es sonach erfordern, daß der Lohn eine gewisse Zeit ohne Arbeitsleistung fortzuzahlen ist, so bei Erkrankungen oder sonstigen Behinderungen des AN in seiner Person (vgl. Denecke, BB 51, 58, 279, vgl. 616 Anm. 1), oder daß ihm, wenn er infolge seiner beruflichen Tätigkeit seine bisherige Arbeit nicht mehr leisten kann, möglichst eine andere, gleichbezahlte Arbeit zugewiesen wird (**RAG** ArbRSlg. 42, 132). Auch kommt eine Anwendung des § 675 für das Arbeitsverhältnis nicht in Frage (vgl. § 675 Anm. 1).

Anm. 16

4. Das Betriebsrisiko: Besondere Grundsätze haben sich für das sog. Betriebsrisiko herausgebildet, d. h. wenn infolge äußerer, auf den Betrieb einwirkender Umstände die Arbeitnehmer kürzere oder längere Zeit nicht beschäftigt werden können. Während nach der früheren Rechtsprechung Arbeitgeber und Arbeitnehmer jeder das in seinen Verantwortungskreis fallende Risiko zu tragen hatte, der Arbeitgeber den aus betriebstechnischen oder betriebswirtschaftlichen Gründen entstehenden Arbeitsausfall, der Arbeitnehmer den durch sein oder seiner Kameraden Verhalten bedingten Ausfall und bei allgemeinen Behinderungen, wie Krieg, Unwetterkatastrophen und dgl., das Risiko gemeinschaftlich zu tragen war, hat das **RAG** nach dem Inkrafttreten des AOG aus der führenden Stellung des Unternehmers in betrieblichen Angelegenheiten und der ihm obliegenden Fürsorgepflicht gefolgert, daß er das gesamte Risiko grundsätzlich allein zu tragen habe und nur eine Gefährdung des Fortbestandes des Betriebes im Zusammenhange mit der dem Arbeitnehmer obliegenden Treupflicht eine zeitweilige Beschränkung oder ausnahmsweise auch ein Erlöschen der Lohnansprüche rechtfertigen könnte (**RAG**

ArbRSlg. 43, 21). Dieser Grundsatz wird auch nach Aufhebung des AOG weiter anerkannt, wenn er nunmehr auch aus der Stellung des Arbeitgebers als Unternehmer hergeleitet wird, der die Leitung und Verantwortung für die Führung des Unternehmens habe, auch die Vorteile aus der Arbeit ziehe und daher auch die Nachteile zu tragen habe. Nur wenn die Weiterführung des Betriebes durch das Verhalten eines Teiles der Arbeiterschaft, (Teilstreik, auch wilder Streik, passive Resistenz) oder der Arbeiterschaft aus anderen Betrieben, von denen der eigene Betrieb abhängig ist, unmöglich wird, entfällt der Anspruch auf Lohn (h. M. **BAG** 3, 346; **BAG** AP Nr. 3, 4 § 615 Betriebsrisiko).

Anm. 17

5. Innerbetrieblicher Schadensausgleich: Auch für das sog. innere Betriebsrisiko hat der Arbeitgeber in erster Linie einzustehen.

a) Beschränkung der Haftung des Arbeitnehmers: Es handelt sich hierbei zunächst um Schäden, die daraus entstehen, daß der Arbeitnehmer nicht während seiner ganzen Arbeitszeit die gleichhohe Anspannung und Aufmerksamkeit bei der Verrichtung seiner Arbeit einhalten kann, vielmehr durch Ermüdung oder Einflüsse der Umwelt zeitweise abgelenkt wird, also um **Schäden,** die **wegen der menschlichen Unzulänglichkeit** mehr oder weniger **unvermeidbar** sind. Nach dem Verschuldensprinzip müßte der Arbeitnehmer für alle diese Schäden einstehen. Tatsächlich wird aber für solche geringeren Schäden, wie Glasbruch, Beschädigung von Handwerkszeug und Maschinen, des Materials, geringen Ausschuß, kleine Fehlbeträge beim Kassieren, im allgemeinen kein Ersatz mehr verlangt. Sie werden vielmehr als in das Betriebsrisiko fallend betrachtet und in die allgemeinen Unkosten einkalkuliert. Bei größeren Schäden, die darauf zurückzuführen sind, daß aus den den Maschinen innewohnenden Kräften und dem hohen Wert der Anlagen oder aus dem Zusammentreffen mehrerer solcher Gefahren wie im Kraftverkehr aus kleinsten Ursachen außergewöhnlich hohe Schäden entstehen können (sog. gefahrtragende Arbeiten) hat bereits das **RAG** in seinen Entscheidungen ArbRS 41, 55, 259; 43, 108; (ebenso jetzt auch **BGH** 16, 111; AP Nr. 1 § 611; **BAG** 5, 1 [GrS]) nur eine dem Verschulden des Arbeitnehmers und den sonstigen Verhältnissen entsprechende Beteiligung des Arbeitnehmers an dem Schadensausgleich für angemessen erklärt, da es der Treupflicht aus dem Arbeitsverhältnis zuwiderlaufe, wenn der Arbeitgeber das Risiko für die seinem Betrieb eigentümlichen Gefahren dem Arbeitnehmer allein aufbürden wolle. Nach **RAG** ArbRS 46, 137 hat der Halter eines Kraftfahrzeuges, wenn er keine Kaskoversicherung eingegangen ist, kleinere Beschädigungen am Fahrzeug selbst zu tragen, während der Kraftwagenführer Dritten gegenüber von der Haftung durch die auf Kosten des Halters gehende Pflichtversicherung befreit ist. Ebenso ist bei Unfällen im Betriebe nach § 899 RVO für Betriebsaufseher und nach der Entscheidung des großen Senats des **BAG** 5, 1 für die übrigen Arbeitnehmer die Haftung gegenüber den Geschädigten weitgehend beschränkt. Die Schäden werden vielmehr von der Unfallversicherung ausgeglichen, deren Unkosten die Unternehmer aufzubringen haben. Im öffentlichen Dienst hat die Verlagerung der Haftung von dem den Schaden unmittelbar verursachenden Beamten und Arbeitnehmer auf den Dienstherrn Ausdruck gefunden in den Bestimmungen über die Staatshaftung (zunächst in Gesetzen des Reichs und der Länder, später in Art. 131 WeimVerf., jetzt Art. 34 GG) sowie in der Beschränkung der Rückgriffshaftung auf Vorsatz und grobe Fahrlässigkeit (§§ 12, 23 II DBG, § 78 BBG; § 46 BRahmG; § 6 ATO, Art. 34 S 2 GG). Auch bei Betätigung im privaten Geschäftsbereich (vgl. § 89 Anm. 5) haftet der Beamte bei Fahrlässigkeit im allgemeinen selbst nicht, da gemäß § 839 Abs. 1 Satz 2 die Haftung des Staates aus §§ 89, 278, 831 vorgeht (**RG** 155, 269). Im fiskalischen Bereich, d.h. bei Schäden, die der öffentlichen Körperschaft durch die Tätigkeit ihrer Beamten und Arbeitnehmer entstehen, ist zwar in den Beamtengesetzrn (§§ 23 DBG, § 78 BBG, § 46 BRahmG, § 6 ATO), deren Haftung für alle von ihnen verursachten Schäden festgelegt, dieser Grundsatz aber durch die Ausführungsvorschriften (§ 6 ErstattG, § 54 RHaushO, § 67 RWirtschaftsbest.) wesentlich eingeschränkt. Die Geltendmachung der Schäden ist weitgehend in das Ermessen der vorgesetzten Dienstbehörde gelegt, bei leichter Fahrlässigkeit ist grundsätzlich davon abzusehen. Mögen diese Vorschriften auch ursprünglich nur Verwaltungsmaßnahmen gewesen sein, die die Verantwortungsfreudigkeit fördern und nutzlose Arbeiten ersparen sollten (so noch **RAG** ARS 45, 62), so haben sie doch infolge der gewandelten Anschauungen über die Fürsorgepflicht und die Gleichbehandlung jetzt materielle Bedeutung. Denn kraft seiner Fürsorgepflicht ist jeder Vorgesetzte gehalten, bei den in seinem Ermessen gestellten Entscheidungen sich allein von sachlichen Erwägungen, von Gerechtigkeit und Wohlwollen leiten zu lassen (**BGH** 15, 187), seine Untergebenen nach Recht und Billigkeit zu behandeln (§ 56 PersVerlG, § 51 BetrVG). Es sind dies Pflichten, die dem Dienstherren gegenüber seinen Untergebenen obliegen (BBG § 67), deren Beachtung erst den konkreten Haftungsanspruch begründet. Tatsächlich werden denn auch im öffentlichen Bereich wie in der privaten Wirtschaft kleinere Schadensansprüche bei leichter Fahrlässigkeit nicht mehr erhoben, die Gerichte haben sich jedenfalls mit solchen Streitigkeiten kaum zu befassen. Es dürfte in dieser praktischen Übung wie in den angeführten gesetzlichen Bestimmungen eine Abkehr von dem starren Verschuldensprinzip zu erblicken sein, weil dieses abstrakte Prinzip ebenso wie die Grundsätze über die Unmöglichkeit der Leistung nur auf die Rechtsbeziehungen von selbständigen, unabhängigen, gleichberechtigten Personen abgestellt ist, für die Regelung der in sozialer Verbundenheit, in einem persönlichen Gemeinschaftsverhältnis stehenden Arbeitnehmer nicht geeignet ist. Die heutigen sozialen Anschauungen erfordern vielmehr, daß derjenige, der sich zur Erfüllung seiner Aufgaben, also zu seinem Nutzen der Kräfte und Fähigkeiten dritter Personen bedient, auch deren menschliche Unzulänglichkeiten in Kauf nehmen muß, nicht nur die Vorteile ziehen, sondern auch die damit verbundenen Nachteile und Lasten den seinen Weisungen und seiner Aufsicht unterliegenden, also von ihm abhängigen Hilfspersonen nicht aufbürden darf (vgl. des Näheren Denecke RdA 1952, 209 und die neue Rspr. zu § 904: **RG** 91, 303; JW 38, 1206; **BGH** 6, 106; **BAG** 5, 1). Eine solche Einschränkung der Haftung der Arbeitnehmer gegenüber seinem Arbeitgeber auf Vorsatz und grobe Fahrlässigkeit überschreitet jedenfalls nicht die den Gerichten bei der Auslegung und Fortbildung gesetzlicher Vorschriften gesetzten Grenzen (vgl. **BAG** 1, 279; 5, 10; Bd. I Einleitung Anm. 19).

Anm. 18

Demnach wird der Arbeitgeber die mit der Heranziehung von Arbeitnehmer verbundenen, mehr oder weniger unvermeidbaren Schäden selbst tragen müssen und nur, wenn das Maß solcher Nachlässigkeit über den Durschschnitt hinausgeht, sich solche Nachlässigkeiten häufen oder außergewöhnliche Schäden zur Folge haben, eine Heranziehung der Arbeitnehmer zum Schadensausgleich gerechtfertigt sein. Es werden also nicht besondere Umstände eine gänzliche Freistellung rechtfertigen müssen, wie von der Rechtslehre z.T. gefordert wird (Dersch RdA 1951, 76, AP 51, 389), sondern es müssen im Gegenteil besondere Umstände vorliegen, um bei leichter Fahrlässigkeit eine Schadensersatzforderung des Arbeitgebers begründen zu können. Bei den sog. gefahrtragenden Arbeiten wird dies gerechtfertigt sein, wenn der Arbeitnehmer, der die Gefahren kennt, nicht alles in seinen Kräften stehende getan hat, um der Gefahr vorzubeugen (**RAG** ArbRS 37, 209), z. B. wenn ein Kraftfahrer auf einer verkehrsreichen, unübersichtlichen Straße sich durch eine Unterhaltung mit den übrigen Fahrinsassen oder sonstwie hat ablenken lassen. Hier wird es vor allem von dem Maß seines Verschuldens, von dem Unterlassen der höchsten Sorgfalt abhängig sein, in welchem Umfang er zu dem Schadensausgleich beitragen muß, da der größere Teil zu Lasten des das Betriebsrisiko tragenden Arbeitgebers gehen muß.

Anm. 19

Wird der Arbeitnehmer von einem Dritten auf Ersatz des von ihm durch solche leichte Fahrlässigkeit verursachten Schadens in Anspruch genommen, so hat der Arbeitgeber ihn von diesem Anspruch zu befreien, ihm Prozeßschutz zu gewähren oder mindestens die Prozeßkosten zu übernehmen (**RAG** ArbRS 43, 108).

Anm. 20

b) Haftung für Zufallschäden: Hierher gehört ferner die Frage, inwieweit der Arbeitgeber für **Schäden** aufzukommen hat, die dem Arbeitnehmer **bei Betriebsun-**

fällen, wie Brand, Explosion, Einbruchsdiebstahl u. dgl. entstehen. Soweit es sich um Körperschäden handelt, fallen sie unter die Unfallversicherung, so daß in der Regel eine Haftung des Arbeitgebers gemäß § 898 RVO ausscheidet. Anders ist es hinsichtlich des von dem Arbeitnehmer zu stellenden Handwerkzeuges, seiner bei dem Unfall getragenen Kleidung, seiner abgelegten Überkleider, abgestellten Fahrräder und seiner sonstigen aus Anlaß seines Dienstes in den Betrieb gebrachten Sachen, auch Reisegepäck bei Dienstfahrten in betriebseigenem Kraftwagen (LAG Bremen Betrieb 1955, 171). Hier jeden Ersatzanspruch um deswillen auszuschließen, weil den Arbeitgeber kein Verschulden trifft, entspricht nicht den heutigen Anschauungen über das Wesen des Arbeitsverhältnisses. Wirtschaftlich gesehen bilden sie einen — nur kleinen — Teil des Gesamtschadens, der in das Risiko des Unternehmers fällt. Soweit die Kleidung bei Bekämpfung des Schadens beschädigt wird, gehören diese Schäden, mag nun der Arbeitnehmer zur Hilfeleistung herangezogen oder freiwillig herbeigeeilt sein, versicherungsrechtlich zu den von der Versicherung zu ersetzenden Schäden, da sie zu den Aufwendungen i. S. der § 63 VVG, § 15 der AllgVersB und der Löschhilfeklauseln gehören (vgl. Raiser, Allg. Feuerversicherungsbedingungen [2] S. 959, 361). Soweit es sich um sonstige Sachen der Arbeitnehmer, namentlich die Habe derjenigen handelt, die auf dem Werk wohnen müssen, um jederzeit zur Hilfeleistung bereit zu sein, wird man eine Haftung des Arbeitgebers aus der gegenseitigen Treupflicht mindestens dann bejahen müssen, wenn der Arbeitnehmer seine Sachen nicht selbst sichern konnte, weil er bei Bekämpfung des Brandes usw., zur Bergung wichtiger Betriebsmittel oder wie das Krankenpflegepersonal bei der Bergung der Kranken tätig sein muß. Aber auch hinsichtlich der anderen Sachen, die der Arbeitnehmer aus Anlaß seiner Tätigkeit in den Betrieb bringt und üblicherweise zwischen den Schichten dort beläßt, hat der Arbeitgeber auf Grund seiner Treu- und Fürsorgepflicht eine gewisse Obhutspflicht. Er muß bei Bränden u. dgl. für ihre Sicherstellung sorgen und falls dies aus betrieblichen Rücksichten nicht möglich ist, den Schaden tragen. Will er diesen nicht aus eigenen Mitteln decken, so muß er für seinen Arbeitnehmer eine Gruppenversicherung eingehen oder sie in seine eigene Versicherung einbeziehen, zumal die entstehenden Kosten oder Mehrkosten nur gering und auch bei zahlreichen Arbeitnehmern zumutbar sind. Dagegen sind unverheiratete Arbeitnehmer meistens nicht in der Lage, sich gegen solche Schäden durch Abschluß einer Versicherung zu decken, da erfahrungsgemäß (vgl. **RAG** ArbRS 43, 260) die Versicherungsgesellschaften solche Bagatellversicherungen nicht abschließen. Anders ist es nur, falls dem Arbeitnehmer eine Werkwohnung für sich und seine Familie zur Verfügung gestellt wird, da eine Hausratsversicherung abgeschlossen werden kann und dies zum mindesten bei Angestellten üblich ist. Auch bei Verlust von Urlaubskarten, die der Arbeitgeber in Verwahrung hat z. B. durch einen Einbruchsdiebstahl, hat er das Urlaubsgeld selbst zu zahlen, falls die Urlaubskasse Zahlung wegen Fehlens der Unterlagen verweigert (vgl. Denecke BB 45, 28 a. M. Steinmann daselbst 1194).

Anm. 21

5. Zusätzliche Sozialleistungen: Leistungen wie Weihnachtsgratifikationen, Ruhegehalt und Urlaub sind nicht, wie man früher annahm (**RAG** ArbRSlg. 31, 273), nachträgliches Entgelt für bereits geleistete Dienste, sondern fließen aus der Fürsorgepflicht des Arbeitgebers, bedürfen allerdings hinsichtlich Voraussetzungen, Höhe, Zeit und Dauer einer bestimmten Konkretisierung, die in Einzelvereinbarungen, Gesamtvereinbarungen (Tarifvertrag, Betriebsvereinbarung), einer langjährigen Übung (**RAG** ArbRSlg. 29, 209; 33, 216; 40, 369) oder in einer betrieblichen Ordnung (**RAG** ArbRSlg. 40, 363) erfolgen kann. Auch kann, falls für einen einzelnen AN eine besondere Regelung fehlt, der Umfang des Anspruches sich nach dem Grundsatz der Gleichbehandlung aus den Leistungen an andere AN ergeben.

Anm. 22

a) Gratifikationen: Die vorstehenden Grundsätze gelten insbesondere bei **Weihnachtsgratifikationen,** bei denen schon durch eine mehrjährige (in der Regel dreimalige **BAG** AP Nr. 3 zu § 611 Gratifikation) allgemeine Gewährung ein Anspruch — auch für neu eingetretene AN — begründet werden kann, falls nicht bei der Leistung jedesmal auf die Freiwilligkeit oder Widerruflichkeit hingewiesen wird. Auch kann der Arbeitgeber bei der Zusage oder der Gewährung den Kreis der Empfänger sowie die Voraussetzungen näher bestimmen, z. B. daß der Arbeitnehmer bei der Fälligkeit sich in ungekündigter Stellung befindet oder nicht alsbald aus den Diensten ausscheidet (**BAG** 1, 36 AP 4 zu § 611 Gratifikation; **RAG** ARS 45, 288; 46, 251). Auch hinsichtlich der Höhe bedarf es einer eindeutigen Erklärung des AG, daß er sich die Bemessung vorbehält, anderenfalls der früher gezahlte Betrag dauernd fortgezahlt werden muß. Nur wenn die Zahlung ohne Gefährdung des Fortbestandes des Betriebs nicht mehr tragbar erscheint, kann sie vorübergehend gekürzt oder gänzlich eingestellt werden, bei Konkurs immerhin aber in voller Höhe geltend gemacht werden (§ 61 Nr. 1, nicht 63 Nr. 4 KO). Dies gilt auch für öffentlichrechtliche Betriebe (ständ. Rspr. ArbRSlg. 40, 215; 369 **BAG** AP Nr. 3 zu § 611). Über Abschlußgratifikationen vgl. **RAG** ArbRS 33, 216 und Weihnachtsspenden, die zugleich Überstunden vor dem Fest abgelten sollen, ArbRS 39, 457; 40, 356. Einer Mitwirkung des Betriebsrates gemäß § 56 BetrVerfG kommt bei der Aufstellung der Grundsätze nicht in Frage (**BAG** AP Nr. 4 zu § 611); keinen teilweisen Anspruch bei vorzeitigem Ausscheiden (**RAG** ARS 33, 216; 36, 54); Verlust bei gröblichen Pflichtverletzungen (**RAG** ARS 41, 32; vgl. im übrigen Hueck Lehrb. I 280, Nikisch 349).

Anm. 23

b) Ruhegehalt: Ein Anspruch auf Ruhegehalt kann nicht schon daraus hergeleitet werden, daß einzelnen wenigen AN, die ungefähr die gleiche Zeit im Betrieb tätig waren, ein Ruhegeld gewährt wird. Dazu bedarf es vielmehr, schon im Hinblick auf die Belastungen des AG, eines besonderen Rechtsgrundes, also entweder einer ausdrücklichen — nicht formbedürftigen (Anm. 4 vor § 516) — Vereinbarung oder besonderer Umstände, aus denen ein dahingehender Wille des AG entnommen werden kann, oder einer ständigen Übung oder einer bestimmten Ordnung (Ruhegehaltsordnung, Satzung einer betrieblichen Pensionskasse), aus denen zu entnehmen ist, daß jedem AN bei Erfüllung gewisser Voraussetzungen ein Ruhegehalt zustehen soll (**RAG** ArbRS 37, 229; 47, 120 **BGH** 8, 368, 12, 345; 16, 58; 22, 380; **BAG** 4, 360). In den beiden letzteren Fällen darf allerdings nach dem Grundsatze der Gleichbehandlung ein einzelner Arbeitnehmer nicht ohne triftigen Grund ausgenommen werden (**RAG** ArbRS 40, 209). Bestand einmal eine Verpflichtung zur Leistung des Ruhegehaltes, so kann der AG, falls es nicht ausdrücklich vorbehalten ist, die Zusage nicht widerrufen oder die Ruhegehaltsvereinbarung kündigen (**RAG** ArbRS 45, 5, vgl. auch **BAG** 3, 327). Hat er sich den Widerruf vorbehalten, so darf er doch, gemäß seiner Treu- und Fürsorgepflicht, nicht willkürlich, sondern nur aus gutem Grund davon Gebrauch machen, da der AN seine künftige Lebenshaltung darauf eingestellt hat (**RAG** ArbRS 32, 28; **BAG** AP Nr. 13, 18, zu § 242). Bei bereits in Ruhestand stehenden Arbeitnehmer sind an die Zulässigkeit des Widerrufs besonders strenge Anforderungen zu stellen (**BAG** a.a.O. Nr. 18). Die Zusage eines Ruhegehaltes schließt eine Kündigung des Arbeitsverhältnisses vor Eintritt der Voraussetzungen nicht aus, es sei denn, daß sie nur erfolgt, um sich der Ruhegeldverpflichtung zu entziehen (**BGH** 8, 365). Eine fristlose Kündigung des Arbeitsverhältnisses ist auch nach Eintritt der Voraussetzungen zulässig, doch wird der Verlust des Ruhegehaltsanspruches bei Prüfung des wichtigen Grundes zu berücksichtigen sein (**RAG** ArbRS 33, 172; 39, 344). Auch können grobe Verstöße gegen die dem AN nach seiner Zuruhesetzung noch obliegende Treupflicht den AG von der Fortzahlung des Ruhegehaltes zeitweilig oder ganz entbinden (**RAG** ArbRS 45, 5 **BAG** AP Nr. 8 zu § 242). Ebenso können wesentliche Verschlechterungen der wirtschaftlichen Verhältnisse, falls durch Fortzahlung der Ruhegehälter der Fortbestand des Betriebes gefährdet wird, eine zeitweilige Herabsetzung des Ruhegehaltes oder eine zeitweilige Einstellung der Zahlung rechtfertigen (**RAG** ArbRS 36, 188; 47, 112; **BAG** 2, 18, 23, 312). Änderungen der Ruhegeldordnung durch Betriebsvereinbarung haben für die ausgeschiedenen, bereits im Ruhestand lebenden Betriebsangehörigen keine Wirkung (**BAG** GS 3, 1). Zusagen von Witwengeld gelten auch für zweite Ehefrau (**BAG** 2, 101 AP Nr. 17 zu § 242). Ruhegehalts- und Witwengeldansprüche verjähren nach § 196 Z 8 **BGB** innerhalb 2 Jahren (**BAG** 2, 23; AP Nr. 11 zu § 242). Besteht eine selbständige, rechtsfähige Versorgungseinrichtung, so kann der Arbeitgeber nur ausnahmsweise in Anspruch genommen werden (**BAG** 3, 327). Mangels abweichender Vereinbarung ist anderweiter Verdienst des Ruheständlers nicht anrechenbar (**RAG** ARS 45, 5; **BGH** AP Nr. 2 zu § 242). Aber Anrechnung von Sozialrenten vgl. **BAG** 2, 23.

Anm. 24

c) **Urlaub:** Ein Anspruch auf bezahlten Urlaub, d.h. Freistellung von der Arbeit unter Fortgewährung des Lohnes während dieser Zeit — bei vorübergehender Kurzarbeit des Durchschnittslohnes — wird heute für alle AN gewohnheitsrechtlich anzuerkennen sein (**BAG** 3, 23; anders noch **RAG** ArbRS 45, 98), soweit er nicht, wie im § 21 JugSchG und in den Länderregelungen der Nachkriegszeit (Baden-Württemberg, Bayern, Berlin, Bremen, Hamburg, Niedersachsen, Rheinland-Pfalz, Schleswig-Holstein) gesetzlich geregelt ist. Auch enthalten die meisten TV und die noch geltenden TO-Bestimmungen über den Urlaub, die, soweit sie nicht unmittelbar wirken, für die anderen AN desselben Gewerbezweiges, aber auch desselben Bezirkes herangezogen werden können. Der Urlaub ist meistens erst nach einer gewissen Beschäftigungszeit (Wartezeiten von drei bis zu sechs Monaten) zu gewähren; die Mindestdauer ist überwiegend zwölf Tage, bei Jugendlichen und Schwerbeschädigten 18 Tage, er ist grundsätzlich ungeteilt in Natur zu gewähren, bei Kündigung während des Urlaubsjahres teils der ganze Urlaub, teils ein der Beschäftigungszeit im Jahre entsprechender Teil (vgl. **LAG** Berlin AP 52 Nr. 15). Vgl. im übrigen Dersch Urlaubsgesetze und die Entscheidungen in AP § 611 Urlaubsrecht.

Anm. 25

Ist der AN am Stichtag dauernd arbeitsunfähig, kann eine Freistellung von der Arbeit nicht mehr gewährt werden, so entfällt auch der Anspruch auf das Urlaubsgeld oder Urlaubsabgeltung (**BAG** 3, 60). Länger währende Krankheit im Urlaubsjahr mindert aber nach Wiederaufnahme der Arbeit den Anspruch auf den vollen Urlaub für das Urlaubsjahr grundsätzlich nicht (**BAG** AP § 611 Urlaub Nr. 13), jedoch können nicht mehr Urlaubstage verlangt werden, als gearbeitet wurde (AP Nr. 9). Bei Berechnung des Urlaubsgelds nach der durchschnittlichen Arbeitszeit eines bestimmten Zeitraumes, sind Krankheits-, Aussetz- oder Streiktage nicht heranzuziehen, sondern nur die Tage, an denen tatsächlich gearbeitet ist (AP Nr. 12). Scheidet der AN, nach dem er den vollen Urlaub erhalten hatte, aus, so braucht er das zuviel gezahlte Urlaubsgeld nicht zurückzuzahlen. Dahingehende Klauseln sind ungültig (AP Nr. 8). Der Urlaubsanspruch, und zwar sowohl der Anspruch auf Freistellung wie auf Zahlung der Urlaubsgelder ist höchst persönlich, nicht vererblich (AP Nr. 7) und nicht pfändbar (h. M. vgl. AP Nr. 17 u. Anm.). Eine Abgeltung ist nur zulässig, wenn ausnahmsweise die Gewährung vor der Entlassung nicht möglich war. Bei unzulässiger Abgeltung ist eine Rückforderung gemäß § 817 S. 2 BGB ausgeschlossen **BAG** AP 101 zu § 817. Die Urlaubsabgeltung ist jetzt nach § 96 I Nr. 2 AV AVG grundsätzlich auf das Arbeitslosengeld anzurechnen, es sei denn, daß es für einen Zeitraum gewährt wird, der länger als 15 Monate vor der Arbeitslosmeldung liegt; von ihm sind Lohnsteuer und Sozialversicherungsbeiträge abzuführen (**BSG** BB 1957, 1075).

Anm. 26

Soweit bei diesen Ansprüchen der Beginn und die Höhe des Anspruches von einer längeren Betriebszugehörigkeit abhängt, wird diese durch einen Wechsel des Unternehmers nicht unterbrochen, falls der Betrieb oder die Betriebsabteilung mit ihren persönlichen, sächlichen und immateriellen Mitteln und dem technischen Zweck im wesentlichen aufrechterhalten bleibt (sog. Rechtsnachfolge in den Betrieb, vgl. Denecke, BB 1950, 875).

Anm. 27

7. **Die Kündigung:** Für das Recht der Kündigung gelten besondere Grundsätze. Im Bundesgebiet ist das freie Kündigungsrecht hinsichtlich des größten Teils der Arbeitnehmer beseitigt. Kündigungen sind nur zulässig, wenn sie sozial gerechtfertigt sind. Er-

kennt der AN diese durch Unterlassen einer Klage binnen 3 Wochen an oder wird die Berechtigung der Kündigung durch das Arbeitsgericht festgestellt, so erlischt das Arbeitsverhältnis mit Ablauf der Kündigungsfrist. Anderenfalls besteht es weiter fort, wenn es nicht durch Urteil auf Antrag des AN oder des AG aufgelöst wird, alsdann ist dem AN eine besondere Entschädigung zuzusprechen. Weiter sind für ältere Angestellte die Kündigungsfristen verlängert, für Schwerbeschädigte von einer Genehmigung einer Behörde abhängig gemacht, für werdende und stillende Mütter gewisse Zeit vor und nach der Niederkunft überhaupt ausgeschlossen, ebenso für Heimkehrer nach der Rückkunft. Auch ist die Betriebsvertretung vorher zu hören, d. h. es ist ihr die beabsichtigte Kündigung und die Gründe dafür bekanntzugeben, damit sie dazu Stellung nehmen und er den Sachverhalt aufklären kann. Im einzelnen vgl. § 620.

8. Kollektive Regelung. Die Arbeitsbedingungen werden jetzt nur noch zum kleinsten Teile (für leitende Angestellte, besondere Fachkräfte und als zusätzliche Bedingungen), durch Einzelvereinbarung festgelegt, zum überwiegenden Teile wird der Inhalt des Arbeitsvertrages durch kollektive Regelung gestaltet.

Anm. 28

a) Tarifvertrag: Den Vorrang hat der Tarifvertrag, der auf überbetrieblicher Basis für bestimmte Gewerbezweige oder Berufsgruppen Regeln gibt. Die in ihm enthaltenen normativen Bestimmungen (die eigentlichen Arbeitsbedingungen) gelten nach § 4 TVG unmittelbar und zwingend (unabdingbar), wenn sowohl der AN wie der AG Mitglied einer der Tarifparteien oder der letztere selbst Partei des TV ist. Sie können nur zugunsten der AN abgeändert werden. Auf Außenseiter kann der TV durch Allgemeinverbindlichkeitserklärung ausgedehnt werden. Nach Ablauf des TV gelten die Tarifnormen weiter fort, jedoch sind sie nunmehr abdingbar, und zwar selbst dann, wenn sie für allgemein verbindlich erklärt waren (§§ 4 V, 5 V, 2 TVG). Die Tarifbestimmungen können aber auch von AN und AG für ihr Arbeitsverhältnis durch Einzelvereinbarung — sei es ausdrücklich oder stillschweigend vgl. Anm. 12 aE — als maßgebend erklärt werden, jedoch gelten sie dann nicht als Normen, sondern kraft der Vereinbarung, können also jederzeit abgeändert werden. Bestimmungen über Urlaubskassen, Pensionskassen u. dgl. wirken nach § 3 II TVG für alle AN des Betriebes, dessen Inhaber Mitglied des betr. Arbeitgeberverbandes ist. Ein Verzicht auf tarifliche Ansprüche ist nur noch mit Zustimmung der Tarifparteien wirksam. Das schließt aber einen Vergleich nicht aus, wenn der Anspruch nur in tatsächlicher Hinsicht, z. B. die Anzahl der geleisteten Überstunden streitig ist (h. M.). Die Verwirkung ist gänzlich ausgeschlossen, nicht aber der Einwand der Arglist, der unzulässigen Rechtsausübung (vgl. Hueck-Nipperdey, TVG, § 4 Anm. 50—63).

Anm. 29

b) Betriebsvereinbarung: Soweit eine tarifliche Regelung nicht üblich ist oder es ausdrücklich zugelassen wird (§ 59 BVG; § 64 PVertG), kann auch eine betriebliche Regelung geschehen. Soll sie alle AN eines Betriebes oder einer Abteilung erfassen, so kann sie durch Vereinbarung zwischen AG und der Betriebsvertretung erfolgen. Die Bestimmungen solcher Betriebsvereinbarungen, die der Schriftform bedürfen (§ 52 II BVG), haben ebenfalls normative Kraft, sind also für alle Mitglieder des Betriebes unabdingbar. Sie sind von beiden Teilen jederzeit, auch fristlos kündbar **BAG** 4, 232; AP Nr. 3 zu § 56 BVerfG).

Anm. 30

c) Betriebliche Übung: Neben den Betriebsvereinbarungen gibt es aber auch allgemeine Regelungen, die nur für bestimmte Fälle oder nur für einen Teil der Belegschaft, für einzelne Gruppen Bedeutung haben, meistens besondere Vergütungen für bestimmte Arbeiten gewähren (Erschwerniszulagen, Leistungszuschläge, Pauschalbeträge für Überstunden u. dgl.). Sie werden vielfach zunächst mit dem in Frage kommenden AN verabredet später, bei allen gleichen Arbeiten angewendet, ohne daß jedesmal dahingehende Abreden getroffen oder auf die früheren Abreden verwiesen wird. Es entsteht durch diese widerspruchslose Anwendung eine feste Übung. Eine solche ständige Übung kann aber auch dadurch entstehen, daß der AG ohne Einzelvereinbarung mit den in

Frage kommenden AN aus freiem Entschluß längere Zeit besondere Leistungen sei es etwa in Zusammenhang mit Anordnungen auf Grund seines Direktionsrechtes sei es aus besonderem regelmäßig wiederkehrendem Anlaß (Weihnachten, Urlaubsreisen, Ausscheiden nach längerer Dienstzeit oder wegen Invalidität oder Alters) allgemein oder für bestimmte Gruppen gewährt. Diese betriebliche Übung ist kein auf Vertragsgrundlage beruhendes Individualrecht (so Hueck in der Festgabe für Lehmann I 633), sondern kollektives Recht (vgl. Siebert u. Dietz in der Festgabe für Nipperdey S. 126 u. 148). Sie hat ebenso wie der Tarifvertrag und die Betriebsvereinbarung vor allem Ordnungsfunktion, soll für alle Arbeitnehmer oder bestimmte Gruppen des Betriebes hinsichtlich gewisser, noch nicht allgemein geregelter Fragen eine gleiche Ordnung schaffen, nicht nur gleiche Rechte, sondern auch gleiche Pflichten begründen. Zwar kann sie, soweit sie auf materiellem Gebiete liegt, nicht mehr wie früher nach dem AOG von dem Unternehmer allein als objektives Recht geschaffen werden, sie kommt vielmehr durch bestimmtes Handeln des AG (**BAG** AP Nr. 1 zu § 242 betriebliche Übung) und Einverständnis und Duldens dieses Handelns durch die Belegschaft bzw. der in Frage kommenden Gruppen zustande. Da sie kollektives, nicht individuelles Recht ist, kommt es nicht darauf an, ob der einzelne AN, sondern ob die Gesamtheit der Belegschaft oder die Gruppe damit einverstanden ist. Für die neu eintretenden AN gilt sie, gleichgültig, ob sie ihnen günstig ist oder nicht, ob sie bei ihrem Eintritt davon Kenntnis haben oder nicht, weil sie sich durch den Eintritt der in dem Betrieb bestehenden Ordnung unterwerfen, sofern sie sich nicht bestimmte Rechte vorbehalten oder ihnen vom AG zugesagt werden (**BAG** 1, 241). Der Zweck der Übung, eine bestimmte Ordnung zu schaffen, begründet auch den Grundsatz der Gleichbehandlung, der jedoch nicht nur hinsichtlich der gleichen Rechte, sondern auch hinsichtlich der gleichen Pflichten gelten muß. Deshalb ist der AG an sie gebunden, kann nur aus besonderen Gründen davon Ausnahmen machen. Denn die betriebliche Übung verliert ihre Geltung, wenn sie nicht mehr die Regel, die Ordnung hinsichtlich bestimmter Verhältnisse ist, oder sein kann. Auch kann sowohl der AG wie die in Frage kommenden AN in ihrer Gesamtheit sich jederzeit von der Regelung lossagen (vgl. **BAG** AP Nr. 3 zu § 56 BVerfG) und zwar ohne Kündigung der einzelnen Arbeitsverträge (vgl. Anm. zu AP § 242 BGB Betriebliche Übungen Nr. 2), um sie durch eine neue Ordnung, sei es durch Betriebsvereinbarung oder einzelvertragliche Abreden, oder eine neue ständige Übung zu ersetzen. Einer Kündigung der einzelnen Arbeitsverträge bedarf es dazu nicht (vgl. Anm. zu **BAG** AP Nr. 2 zu § 242 = Betriebliche Übung).

Anm. 31

d) **Direktionsrecht:** Dagegen können die materiellen Arbeitsbedingungen nicht vom AG auf Grund seines Direktionsrechtes gestaltet werden. Denn dieses beschränkt sich auf den zweckmäßigen Einsatz der zu Verfügung gestellten Arbeitskraft (**RAG** ArbRSlg. 14, 236), muß sich innerhalb der durch Gesamtvereinbarung oder Einzelvereinbarung gezogenen Grenzen halten (**BAG** 2, 221), darf insbesondere nicht zu einer Kürzung des Lohnes führen. Eine Zuweisung geringer bezahlter Arbeit, insbesondere von Stundenlohnarbeit bei regelmäßiger Akkordarbeit, oder eines anderen ungünstigeren oder geringer zu bewertenden Arbeitsplatzes, ist ohne zuvorige Kündigung nur zulässig, wenn dies im TV, in der Betriebsvereinbarung oder im Einzelvertrag zugelassen ist (st. Rspr. **RAG** ArbRS 44, 414 mit Nachweisungen; vgl. auch § 611 Anm. 2).

Anm. 32

9. **Mitwirkung der Arbeitnehmer:** Bei der Führung des Betriebes ist der Arbeitgeber nach der neuesten Entwicklung in mehrfacher Hinsicht durch das Mitwirkungsrecht der Arbeitnehmer, das durch die Betriebsvertretung ausgeübt wird, beschränkt, und zwar nicht nur in wirtschaftlichen Angelegenheiten, sondern auch in der Ordnung des Betriebes (Arbeitszeiteinteilung, Urlaubsverteilung, Akkordregelung) und besonders in personeller Hinsicht, bei dem Einsatz der Arbeitskräfte. Nach §§ 60 ff. des Betriebsverfassungsgesetzes hat der AG in Betrieben mit mehr als 20 AN bei Einstellungen dem Betriebsrat Mitteilung zu machen, an welchem Platz, in welcher Eigenschaft der AN beschäftigt werden soll und über seine Person Auskunft zu geben. Der Betriebs-

rat kann innerhalb einer Woche Einspruch erheben, wenn die Einstellung gegen Gesetz, Tarifvertrag oder eine gerichtliche Entscheidung verstößt oder ein durch Tatsachen begründeter Verdacht besteht, daß ein ungeeigneter Bewerber nur auf Grund persönlicher Beziehungen eingestellt oder ein AN in seinen Grundrechten beeinträchtigt werden soll; ferner bei begründeter Besorgnis, daß der Einzustellende nach seinem bisherigen Verhalten den Betriebsfrieden durch unsoziales oder gesetzwidriges Verhalten stören würde. Wird die Meinungsverschiedenheit zwischen AG und Betriebsrat durch Verhandlungen nicht beseitigt, so ist der AG zur vorläufigen Einstellung berechtigt. Erhebt aber der Betriebsrat binnen 2 Monaten Klage beim Arbeitsgericht und erachtet dieses die Bedenken für begründet, so endet das vorläufige Arbeitsverhältnis spätestens 14 Tage nach Rechtskraft des Beschlusses. Von diesem Tage ab darf der AG den betreffenden AN nicht mehr beschäftigen. Das gleiche gilt bei Umgruppierungen, d. h. wenn ein AN in eine andere Lohngruppe eingestuft oder einen wesentlich anderen als den vereinbarten Lohn erhalten oder auf einen anderen Arbeitsplatz mit geringerem Lohn versetzt werden soll. Mit Rechtskraft des arbeitsgerichtlichen Beschlusses hat der AG die vorläufig getroffenen Maßnahmen rückgängig zu machen. Bei leitenden Angestellten i. S. des § 4c besteht ein Einspruchsrecht des Betriebsrates nicht, doch ist ihm vor der Einstellung oder Änderung der Stellung Mitteilung zu machen. Vor jeder Kündigung ist der Betriebsrat zu hören. Die Zulässigkeit der Kündigung richtet sich jedoch nach dem Kündigungsschutzgesetz (dazu § 620 Anm. 11ff.). Bei Masseneinstellungen und Massenentlassungen hat der AG den Betriebsrat möglichst früh zu unterrichten und mit ihm über die Art und den Umfang der Einstellungen und Entlassungen sowie über die Vermeidung von Härten zu beraten. Schließlich ist dem Betriebsrat eingeräumt, von dem AG die Entlassung oder Versetzung eines AN zu fordern, der wiederholt durch unsoziales oder gesetzwidriges Verhalten den Betriebsfrieden gestört hat. Entspricht der AG diesem Verlangen nicht, so kann das Arbeitsgericht auf Antrag des Betriebsrates dem AG aufgeben, die beantragte Maßnahme unter Einhaltung der Kündigungsfristen unverzüglich vorzunehmen und die Weiterbeschäftigung untersagen.

Anm. 33

Auch bei den **öffentlichen Verwaltungen und Betrieben** ist in dem Personalvertretungsgesetz v. 5. 8. 1955 (BGBl. I 477) eine Mitwirkung der Personenvertretungen in ähnlicher Weise vorgesehen, nur daß die Einwendungen gegen Maßnahmen der Dienststellen z. T. auf bestimmte Fälle beschränkt und über sie in einem besonderen Verfahren vor den Stufenvertretungen zu verhandeln ist und bei mangelnder Einigung in Fällen der Mitbestimmung nicht das Arbeitsgericht, sondern eine besondere Einigungsstelle zu entscheiden hat.

10. Ausbildungsverhältnisse

Anm. 34

a) Das Lehrverhältnis: Es ist weder ein reines Arbeitsverhältnis noch ein reines Erziehungsverhältnis. Denn der Lehrling soll zu einem Facharbeiter ausgebildet werden, der im Zusammenhange mit anderen Arbeitern seine Aufgabe erfüllen kann, und wird deshalb, abgesehen von der ersten Zeit oder der Zeit, in der er in einer Lehrlingswerkstatt tätig ist, zu praktischen Arbeiten herangezogen und in den Produktionsprozeß eingegliedert, seine Arbeitsleistungen werden, je mehr seine Ausbildung sich dem Ende nähert, um so mehr zu vollwertigen Arbeitsleistungen. Das Lehrlingsverhältnis ist daher als ein Arbeitsverhältnis besonderer Art anzusehen, bei dem die Ausbildung zunächst überwiegt, später aber gegenüber der Arbeitsleistung mehr und mehr zurücktritt (vgl. Siebert, BB 1951, 496, Nikisch S. 247 LAG Frankfurt AP 52 Nr. 208). Über Lernschwestern vgl. **BAG** AP Nr. 10 § 611 Lehrverhältnis. Es können und müssen daher die für das Arbeitsverhältnis geltenden Rechtsgrundsätze insoweit Anwendung finden, als sie mit dem Ausbildungszweck vereinbar sind. Das gilt auch für die Lehrlingsvergütung, die zwar kein Entgelt für geleistete Arbeit, sondern eine Erziehungsbeihilfe ist, die aber in mancher Hinsicht, so hinsichtlich der Risikotragung, der Fortzahlung bei Erkrankungen (**RAG** ArbRS 42, 256) und des Lohnschutzes den für die Arbeitslöhne geltenden Grundsätzen unterliegt. Die Erziehungsbeihilfe wurde erstmalig einheitlich geregelt in der Anordnung v. 25. 2. 1943 (RGBl. I, 164), die gemäß Art. 125 GG als Bundesrecht weiter fortgilt, soweit sie nicht vorher durch landesgesetzliche Regelungen geändert war, die nunmehr ebenfalls als Bundesrecht fortgelten und daher durch die Länder nicht geändert werden können. Dagegen können die behördlichen Regelungen gemäß § 9 TVG durch Tarifverträge ersetzt werden. Eine solche tarifliche Regelung der Lehrlingsvergütung wird zwar von Handwerkerseite abgelehnt, von der herrschenden Meinung der Rechtslehre und der Rechtsprechung aber zugelassen (vgl. Schweinsthal, RdA 1951, 321). Außerdem gelten für das Lehrverhältnis noch die Vorschriften der §§ 76—82 HGB, 126ff. GewO; §§ 21—40 HandwO. Der Lehrvertrag muß, um voll wirksam zu sein, schriftlich abgeschlossen werden (§§ 79 HGB; 127d GewO, 21 HandO), jedoch ist der Schadensersatzanspruch aus § 27 davon nicht mehr abhängig (LAG Düsseldorf AP Nr. 1 zu § 21 HandwO). Bei Handlungslehrlingen können die Parteien die Dauer des Lehrverhältnisses frei bestimmen (**BAG** AP Nr. 1 § 29 HandwO), bei Handwerkerlehrlingen wird die Dauer der Lehrzeit für die einzelnen Handwerksberufe durch den Bundesarbeitsminister bestimmt. Jedoch können die Parteien mit Zustimmung der Handwerkskammer abweichende Vereinbarungen treffen, die auch von der Handwerkskammer durch Herausgabe von Muster-Lehrverträgen allgemein erteilt werden kann. Auch kann die Handwerkskammer im einzelnen Falle den Lehrling von der Innehaltung der Lehrzeit entbinden (§§ 30, 31 HandwO, § 127b GewO). Das Lehrverhältnis kann sowohl bei Handwerkslehrlingen wie bei Handlungslehrlingen während der Probezeit (1—3 Monate) ohne Frist gelöst werden, danach nur aus einem wichtigen Grunde, binnen 2 Wochen nach Bekanntwerden des wichtigen Grundes (§ 25 HandwO, § 127^6 GewO). Sonst endet das Lehrverhältnis mit Ablauf der Lehrzeit (§ 28 HandwO), bei Handwerkslehrlingen auch bei vorzeitig abgelegter Prüfung, jedoch ist ihnen nach § 6 der Anordnung über Erziehungsbeihilfen v. 25. 2. 1943 von dem nächsten Monat ab der volle Gesellenlohn zu zahlen (**BAG** AP Nr. 1 zu § 28 HandwO). Damit endet auch die Beschäftigungspflicht des AG, das Lehrverhältnis geht nicht etwa automatisch in ein Arbeitsverhältnis über. Wird jedoch der Lehrling weiterbeschäftigt und damit stillschweigend ein Arbeitsverhältnis geschlossen, so ist ihm alsdann der volle Arbeitslohn zu zahlen (vgl. LAG Freiburg AP 52, Nr. 173 u. Anm). Über Schadensersatzansprüche des Lehrlings, wenn der Lehrherr keine Befugnis zur Ausbildung hatte und die Lehrzeit deshalb nicht angerechnet wird vgl. LAG Dortmund, ArbRS 29, 21, und wenn der Lehrherr die verspätete Ablegung der Prüfung verschuldet hat LAG Hannover, AP 50, Nr. 314; Düsseldorf BB 54, 346; Bremen AP 1 Nr. 1 § 764 HGB. § 113 BGB ist abweichend von **RAG** ARS 5, 330; 13, 137 nach der überwiegenden Meinung des neueren Schrifttums und der neueren Rechtsprechung auf Lehrverhältnisse nicht anwendbar. (Vgl. Anm. 9 zu § 113, SAP Nr. 1 zu § 21 HandwO u. Anm.).

Anm. 35

b) Anlern- und Umlernverhältnis: Ein Anlernverhältnis liegt nach der Begriffsbestimmung der oben genannten Anordnung über Erziehungsbeihilfen vor, wenn ein jugendlicher oder erwachsener Arbeiter auf Grund eines Anlernvertrages in einem anerkannten Anlernberuf ausgebildet werden soll, d. h. ihm durch eine Sonderausbildung für eine bestimmte Tätigkeit gewisse Fähigkeiten und Kenntnisse, aber nicht eine umfassende Ausbildung wie beim Handwerker gegeben werden soll. Das Anlernverhältnis nähert sich noch mehr dem Arbeitsverhältnis, da die Ausbildung hier zumeist in praktischer Arbeitsleistung unter stärkerer Beaufsichtigung und Anweisung besteht, so daß auch hier die allgemeinen Grundsätze für das Arbeitsverhältnis anwendbar sind. Indessen erhalten auch die Anlernlinge keinen Lohn, sondern ebenfalls nur eine Erziehungsbeihilfe, die nach der genannten Anordnung die gleiche Höhe wie bei Lehrlingen hat. Bei dem sog. Umlernverhältnis, d. h. wenn Arbeiter, die früher eine bestimmte berufliche Tätigkeit ausübten, nunmehr zu einer anderen in einer meistens nur kurzen Zeit ausgebildet werden sollen, wird ein volles Arbeitsverhältnis vorliegen, währenddessen, falls nicht eine tarifliche Regelung entgegensteht, entsprechend der geringeren Leistung ein geringerer Lohn als sonst üblich gezahlt werden kann.

Anm. 36

c) Volontär- und Praktikantenverhältnis: Das Volontärverhältnis unterscheidet sich von dem Lehrverhältnis dadurch, daß nicht eine geregelte Fachausbildung für den Beruf eines Angestellten oder eines gewerblichen Arbeiters bezweckt wird, sondern eine bereits bestehende Fachausbildung nur durch Erweiterung und Vertiefung der Kenntnisse in einer bestimmten Richtung vervollkommnet werden soll, vom Arbeitsverhältnis dadurch, daß nicht eine Berufsausübung gegen Entgelt bezweckt ist (**RAG** ArbRS 25, 125; **BAG** 1, 221), nicht die volle Tätigkeit eines gleichbeschäftigten AN ausgeübt wird (LAG Hamburg AP 51 Nr. 202; Frankfurt AP 52 Nr. 208). Eine Vergütung ist also nicht grundsätzlich ausgeschlossen — anders nach § 83 HGB hinsichtlich der Anwendung der Wettbewerbsbestimmungen —, sie darf aber nur ein Beitrag zur Lebenshaltung während der Ausbildungszeit sein. Ob der Ausbildungszweck oder die entgeltliche Berufsausübung überwiegen, ist Tatfrage; es muß aber ein strenger Maßstab angelegt werden, um die Umgehung von Tariflöhnen zu verhindern. Im übrigen gelten im wesentlichen die gleichen Regeln wie beim Lehrverhältnis. Kein Arbeitsverhältnis liegt indessen vor bei einem sog. Gastvolontär, der sich nur in dem Betriebe umsehen und nach eigenem Belieben betätigen, z. B. an gewissen Operationen teilnehmen kann (vgl. **BAG** 1, 217). Das sog. Praktikantenverhältnis wird dagegen in der Regel ein reines Arbeitsverhältnis sein, da hierbei keine Ausbildung zu einem Facharbeiter oder einem gelernten Arbeiter erfolgen soll, sondern nur ein Kennenlernen für die spätere Berufsarbeit als Ingenieur oder Architekt bezweckt ist. Ob der volle Lohn zu zahlen ist, ist von der Art der Beschäftigung abhängig, läßt sich also nur von Fall zu Fall, unter Berücksichtigung der tariflichen Bestimmungen, sagen.

Anm. 37

11. Erfindungen der Arbeitnehmer: Durch das Gesetz v. 25. 7. 1957 (BGBl I 756) ist das Recht der Arbeitnehmererfindungen neu geregelt. Es unterscheidet einmal zwischen schutzfähigen Erfindungen (Patent und Gebrauchsmuster) und den sonstigen technischen Neuerungen, bei Erfindungen wiederum zwischen Diensterfindungen und freien Erfindungen. Diensterfindungen sind die während der Dauer des Arbeitsverhältnisses gemachten Erfindungen, die entweder aus der dem AN in dem Betrieb obliegenden Tätigkeit entstanden sind oder maßgeblich auf Erfahrungen und Arbeiten des Betriebes beruhen. Die sonstigen, freien Erfindungen muß der AN, es sei denn, daß sie etwa im Bereich des Betriebes offensichtlich nicht verwendbar sind, dem AG bekanntgeben, damit dieser prüfen und entscheiden kann, ob es sich um eine Diensterfindung handelt oder ob er sie als in dem Arbeitsbereich seines Betriebes fallend in Anspruch nehmen will. Auch die Diensterfindung hat der AN unverzüglich schriftlich zu melden unter Bezeichnung der technischen Aufgaben und ihrer Lösung und des Zustandekommens (§ 5). Der AG hat innerhalb einer Ausschlußfrist von 2 Monaten etwaige Ergänzungen der Meldung zu fordern und spätestens innerhalb 4 Monaten nach Eingang der Meldung oder der Ergänzungen zu erklären ob er die Erfindung unbeschränkt oder beschränkt in Anspruch nehmen will. Nimmt er sie unbeschränkt in Anspruch, so gehen sämtliche Rechte der Diensterfindung auf ihn über, bei beschränkter Inanspruchnahme erhält er nur ein Mitbenutzungsrecht an der Erfindung, während im übrigen der AN frei über sie verfügen kann. Wird durch das Benutzungsrecht der AN unbillig erschwert, so kann der AN verlangen, daß der AG binnen 2 Monaten die Erfindung entweder unbeschränkt in Anspruch nimmt oder sie völlig freigibt (§§ 6, 7). Im Falle der unbeschränkten Inanspruchnahme, hat der AG unverzüglich die Erfindung zur Erteilung des Schutzrechtes anzumelden, es sei denn, daß der AN die Nichtanmeldung zustimmt oder es sich um ein Betriebsgeheimnis (§ 17) handelt. Der AG hat den AN über den Gang des Anmeldungsverfahrens auf den laufenden zu halten und ihn rechtzeitig vorher mitzuteilen, wenn er die Anmeldung aufgeben will. Mit der Inanspruchnahme entsteht der Anspruch der AN auf Zahlung einer angemessenen Vergütung (§ 9). Die Vergütung bemißt sich, sofern nicht vom Bundesarbeitsminister Richtlinien aufgestellt sind (§ 11) nach der wirtschaftlichen Verwertbarkeit, der Aufgabe und Stellung des AN im Betriebe sowie dem Anteil des Betriebes an dem Zustandekommen der Erfindung. Die Höhe der Vergütung soll in erster Linie durch Vereinbarung festgelegt werden, kommt es dazu nicht, kann der AG sie einseitig festsetzen, der AN muß innerhalb 2 Monaten widersprechen, anderenfalls diese Festsetzung auch für ihn verbindlich wird. Bei Streit über die Angemessenheit der Vergütung ist sie auf Klage von dem Arbeitsgericht festzusetzen (§ 39 II), während alle sonstigen Streitigkeiten vor dem für Patentstreitigkeiten zuständigen Zivilgerichten auszutragen sind. Die Gerichte können jedoch erst angerufen werden, nachdem ein Schiedsverfahren von der Schiedsstelle des Patentamtes vorhergegangen ist (§§ 29ff.).

Für **technische Verbesserungsvorschläge,** die nicht schutzfähig sind, dem AG aber eine wirtschaftliche Vorzugstellung geben, weil er bei Geheimhaltung sie allein verwerten kann, hat der AN ebenfalls einen Vergütungsanspruch, der aber entfällt, wenn der Vorschlag allgemein bekannt und verwertet wird. Für andere Verbesserungsvorschläge sind die Vergütungen durch Tarifvertrag oder Betriebsvereinbarung zu regeln.

Für Erfindungen und technische Verbesserungen von Angehörigen des öffentlichen Dienstes gelten im allgemeinen die Bestimmungen für private Arbeitnehmer mit der Maßgabe, daß der Dienstherr an Stelle der Inanspruchnahme der Diensterfindung eine angemessene Beteiligung an den Erträgen der Erfindung verlangen kann, auch im öffentlichen Interesse durch allgemeine Anordnung den AN Beschränkungen hinsichtlich der Verwertung von Diensterfindungen auferlegt werden können.

Erfindungen von **Hochschullehrer und Hochschulassistenten,** die sie in ihrer Eigenschaft als Angehörige der Hochschule gemacht haben, sind freie Erfindungen. Der Dienstherr kann aber eine Beteiligung an deren Erträgen verlangen, wenn er für die konkrete Forschungsaufgabe besondere Mittel aufgewendet hat.

IV. Öffentlicher Dienst

Anm. 38

Zu den Angehörigen des öffentlichen Dienstes gehören nicht nur die in einem öffentlich-rechtlichen Dienst- und Treueverhältnis stehenden Beamten, sondern alle bei der Erfüllung der staatlichen Aufgaben tätigen Personen. Denn der Staat (Bund und Länder) läßt die ihm obliegenden Aufgaben obrigkeitlicher, beschützender und fürsorgerischer Art nicht nur durch eigene Behörden und Selbstverwaltungsbehörden (Gemeinden, Gemeindeverbände; kommunale Versorgungsbetriebe, **BAG** 3, 125) ausführen, sondern betraut damit auch besondere öffentliche Körperschaften (wie Sozialversicherungsbehörden), private Vereine (Dampfkesselüberwachungsvereine, Wohltätigkeitsvereine) und auch einzelne Personen (Notare, Fleischbeschauer, Feldhüter u. a.). Auch erfolgt die Durchführung dieser Aufgaben nicht nur durch Ausübung hoheitlicher Befugnisse, sondern auch auf privatrechtlichem Wege, durch Betätigung im privatrechtlichen Rechts- und Geschäftsverkehr (vgl. § 89 Anm. 5). Ob die mit diesen öffentlichen Diensten betrauten Personen zu dem Staat oder zu den mit der Ausführung dieser Aufgaben betrauten Stellen in einem öffentlich-rechtlichen oder privatrechtlichen Dienstverhältnis stehen, hängt von der jeweils getroffenen Regelung ab. Denn wesensmäßig ist es nach heutigen Anschauungen nicht ausgeschlossen, daß auch hoheitliche Befugnisse von einer auf Privatdienstvertrag angestellten Personen ausgeübt werden. Die vom **RG** früher vertretene Meinung (**RG** 125, 421 mit Nachweisungen), daß die Übertragung hoheitlicher Befugnisse auch auf das Innenverhältnis sich auswirke, ein Angestellter, der ständig mit der Ausübung hoheitlicher Befugnisse betraut wird, dadurch wesensmäßig zum Beamten werde, sein privatrechtlicher Dienstvertrag sich ohne weiteres in ein öffentlich-rechtliches Dienstverhältnis verwandle, ist seit dem deutschen Beamtengesetz von 1937 überholt, da nach dessen § 27 — ebenso § 6 BBG und die neuen Ländergesetze — ein öffentlich-rechtliches Dienstverhältnis nur durch ausdrückliche Berufung in ein Beamtenverhältnis und Aushändigung einer dahingehenden Ernennungsurkunde begründet wird. An dieser Regelung ist durch das Bonner Grundgesetz nichts geändert worden. Denn die Bestimmungen des Art. 33 IV, V GG, daß die Ausübung hoheitlicher Befugnisse als ständige Aufgabe in der Regel Angehörigen des öffentlichen Dienstes, die in einem öffentlich-rechtlichen Dienstverhältnis und Treueverhältnis stehen, zu übertragen, und das Recht des öffentlichen Dienstes unter Berücksichtigung der hergebrachten Grundsätze des Berufsbeamtentums zu regeln sei, ist nur eine Anweisung an den Bund und die Länder hinsichtlich der künftigen Gesetzgebung und der Organisation ihrer Verwaltung, besagt aber nicht, daß nun alle im öffentlichen Dienst Beschäftigten in einem öffentlich-rechtlichen Dienstverhältnis stehen müßten und ständen (vgl. Fischbach, DVBl 1951, 307, 525). Denn es wird in dieser Bestimmung gerade anerkannt, daß hoheitliche Befugnisse auch von Angestellten ausgeübt werden können. Überdies ist es fraglich, ob der größte Teil solcher Angestelltentätigkeit, wie die Protokollierung bei Sitzungen und Beweisaufnahmen und die mit der mechanischen Herstellung verbundene Ausfertigung amtlicher Entscheidungen und Bescheide, also die äußerliche Herstellung einer öffentlichen Urkunde, wie auch die Ausstellung einfacher Ausweise, Bescheinigungen, Bezugsanweisungen durch Ausfüllung von Formularen überhaupt noch als eine Ausübung hoheitlicher Befugnisse zu betrachten ist.

Anm. 39

Es sind also bei den Angehörigen des öffentlichen Dienstes drei Gruppen zu unterscheiden, 1. die auf privaten Dienstvertrag angestellten Arbeiter und Angestellten, 2. die in einem öffentlich-rechtlichen Dienstverhältnis stehenden Beamten, 3. die mit der Ausübung staatlicher Aufgaben unmittelbar betrauten Einzelpersonen, die Inhaber eines Amtes, bei denen es wiederum von der jeweils getroffenen Regelung abhängt, ob sie zu der Stelle, die ihnen die Befugnis überträgt, in einem öffentlich-rechtlichen oder einem privatrechtlichen Dienstverhältnis stehen (vgl. hinsichtlich der Fleischbeschauer **RAG** ArbRS 42, 379; **BGH** 22, 246 sehr bedenklich [s. Anm. 40]; pr. Feldhüter **RG** 142, 190; **BGH** 2, 351; NJW 57, 261 und hinsichtlich der Notare Anm. 69ff.), oder ob ihnen staatliche Aufgaben nur neben ihrer sonstigen beruflichen Tätigkeit übertragen sind, ohne daß sie in ein besonderes Rechtsverhältnis zum Staate treten, wie z. B. Ärzte und Anwälte.

Anm. 40

1. Arbeiter und Angestellte in öffentlichen Betrieben

Sie stehen zu der Stelle, für die sie tätig sind, der staatlichen Behörde, Gemeindebehörde oder der öffentlichen Körperschaft in einem echten Arbeitsverhältnis. Denn mögen sie auch in vieler Hinsicht den Beamten gleichgestellt sein z. B. hinsichtlich der Wählbarkeit und der Stellung nach der Wahl (Art. 137 GG, § 5 Wahlgesetz; Ges. v. 4. 8. 1955 — BGBl I 777), hinsichtlich der Haftung (Art. 34 GG, § 1 Erstattungsges.), der Geheimhaltungspflicht (VO gegen Bestechung und Geheimnisverrat v. 22. 5. 1943, RGBl. I 350) und mag auch dem Gesetzgeber durch Art. 33 VGG die Aufgabe gestellt sein, ihr Dienstverhältnis nach dem Vorbilde des Beamtenrechts zu regeln, so bilden sie nach der derzeitigen Rechtslage doch nicht neben den Beamten und Arbeitern eine selbständige Gruppe, ihr Dienstverhältnis ist nicht öffentlich-rechtlicher Natur, sondern beruht nach wie vor auf bürgerlichrechtlicher Grundlage (h. M. **RAG** ARS 43, 307; **BAG** 1, 205; 2, 221; **BSozG** AP Nr. 15 zu § 2 ArbGG, Bd. 2, 53; **BVerwG** ZBB 1956, 1352; Hueck, Lehrb. I 70, Wacke, Grundlagen des öffentlichen Dienstrechts 1957, 26, 37, 45 u. a.). Demgemäß haben die gesamten materiellrechtlichen Grundsätze und auch die Arbeitsschutznormen (Kündigungsschutz) Anwendung zu finden. Hieran wird auch dadurch nichts geändert, daß auf Grund von Einzelvereinbarung, Gesamtvereinbarung oder einer auf Grund besonderer Ermächtigung erlassenen Dienstordnung (§§ 353, 690 RVO) dem Angestellten eine mehr beamtenähnliche Stellung gegeben ist, z. B. die Kündigung nach einer gewissen Beschäftigungszeit beschränkt oder ganz ausgeschlossen ist, der Lohn sich nach der Beamtenbesoldung richten soll oder die beamtenrechtlichen Urlaubs-, Ruhegehalts- oder Arbeitszeitbestimmungen Anwendung finden sollen. Die Verweisung auf einzelne beamtenrechtliche Grundsätze hat nicht zur Folge, daß auch die anderen Grundsätze ohne weiteres anwendbar und die Regeln des Arbeitsverhältnisses ausgeschaltet sind (**RAG** ArbRS 16, 357; 43, 317; **BGH** 21, 122). Soweit durch Einzelvereinbarung eine Verweisung auf beamtenrechtliche Bestimmungen erfolgt, bleiben diese Vertragsrecht, und sie können jederzeit, auch stillschweigend, von den Parteien abgeändert werden. Andererseits ändern sich aber diese vertraglichen Regeln mangels gegenteiliger Abrede ohne weiteres mit der Veränderung der beamtenrechtlichen Bestimmungen (**RAG** ArbRS 6, 286; 10, 313; **BGH** LM Nr. 16 zu § 242

BGB). Wird das Angestelltenverhältnis allgemein dem Beamtenrecht unterstellt, so hat dies zur Folge, daß das für Beamte allgemein bestehende größere Weisungsrecht der vorgesetzten Behörde auch für die Angestellten gilt, sie alsdann in gleicher Weise wie die Beamten der vorgesetzten Behörde untergeordnet sind. Dagegen finden die öffentlichrechtlichen Vorschriften über Verfolgung vermögensrechtlicher Ansprüche der Beamten (vgl. jetzt § 126 BeamtRRahmG) keine Anwendung, es bleibt vielmehr für sie der Rechtsweg und die Zuständigkeit der Arbeitsgerichte bestehen (a. M. **BGH** 22, 246 vgl. jedoch die Anm. AP Nr. 611; Fleischbeschauer Nr. 1 u. **BAG** AP Nr. 20 zu § 3 TOA). Aber auch ohne solche Abreden müssen die Besonderheiten des öffentlichen Dienstes auf die beiderseitigen Pflichten sich mehr oder weniger auswirken. Das wird zwar in den Betrieben, die eine rein gewerbliche, wirtschaftliche Betätigung des Staates, der Gemeinden oder einer öffentlichen Korporation enthalten, gar nicht oder nur beschränkt der Fall sein. Aber schon in den sog. Versorgungsbetrieben der Gemeinden kann der Zweck, die Bevölkerung fortlaufend mit Wasser, Gas und Elektrizität zu versorgen, erhöhte Arbeitspflichten, namentlich bei Störungen, erfordern. Bei der eigentlichen Verwaltungstätigkeit erhöht sich allgemein die Treupflicht der Angestellten. Denn jeder öffentliche Dienst bedarf des besonderen Vertrauens der Allgemeinheit und Rücksichtnahme auf die Allgemeinheit und ihre Glieder. Ein Angestellter darf deshalb nicht etwa aus einer anderen politischen Gesinnung heraus den von den verantwortlichen Vertretern des Volkes gesetzten Zielen entgegenwirken, muß sich vielmehr einer Betätigung der ihm durch Artikel 3 und 5 GG gewährten Grundrechte bei seiner dienstlichen Beschäftigung enthalten (LAG München und Frankfurt, BB 1951, 701, 896; **BAG** 1, 185) und muß, ebenso wie der Beamte, die ihm gegebenen Weisungen ihrem Sinn und Zweck gemäß ausführen, hat also eine erhöhte Gehorsamspflicht (§ 3 ATO). Aus gleichem Grunde erhöht sich seine Schweigepflicht, und zwar nicht nur hinsichtlich der ihm über Einzelpersonen zur Kenntnis gekommenen Tatsachen, sondern auch hinsichtlich der die Allgemeinheit interessierenden Fragen. Der erhöhten Pflicht des Angestellten, entspricht eine gesteigerte Fürsorgepflicht der Verwaltung ihnen gegenüber (**RAG** ArbRS 34, 153). Freilich ist das Weisungsrecht der Verwaltung größer als sonst im Arbeitsrecht. Denn die Arbeitstätigkeit wird in dem Anstellungsvertrage meistens nur ganz allgemein bestimmt, die vorgesetzte Behörde kann den einzelnen Angestellten entsprechend den Bedürfnissen der Verwaltung einsetzen, ja u. U. auch zu einer anderen Dienststelle abordnen und im Einverständnis mit der Personalvertretung endgültig versetzen (§ 71 PersVertG). Aber gerade wegen der erhöhten Befugnisse muß der Vorgesetzte bei der Ausübung seines Weisungsrechtes auf das Wohl des Angestellten ständig bedacht sein, darf ihn nicht dauernd überanstrengen und muß vor allem dafür sorgen, daß der Angestellte das seiner Arbeitsleistung entsprechende Gehalt erhält. Entstehen durch V*erschulden des Behördenangestellten* Dritten Schäden, so *haftet* dafür nach Art. 34 GG in erster Linie der Staat oder die öffentliche Körperschaft, in deren Diensten er steht (vgl. **BGH** 2, 351). Denn im Sinne der Staatshaftung ist Beamter jeder, den der Staat oder eine öffentliche Körperschaft irgendwie mit der Ausübung obrigkeitlicher Aufgaben betraut (st. Rspr., **RG** 160, 201). Da nach Satz 2 des Art. 34 GG ein Rückgriff nur bei Vorsatz und grober Fahrlässigkeit zulässig ist, bleibt aber der Behördenangestellte bei leichten Versehen in seiner dienstlichen Tätigkeit von jeder Haftung frei. Insoweit ist also der Behördenangestellte dem Beamten völlig gleichgestellt (s. Anm. 17—19).

Anm. 41

2. Beamte

Hierher gehören alle im Dienste des Bundes, der Länder (auch Hessens **BGH** G 22), der Gemeinden und öffentlich-rechtlichen Körperschaften stehenden Beamten, die Geistlichen und die Lehrer an öffentlichen Schulen soweit sie nicht auf Privatdienstvertrag angestellt sind (**BAG** 1, 209; 3 258) bez. Lehrbeauftragte an Universitäten **BAG** AP Nr. 3 zu § 611 Dozenten). Das Dienstverhältnis der Beamten mit den ihm eigenen Besonderheiten, dem Zwangs- und Überordnungsverhältnis der vorgesetzten Behörde (vgl. **BGH** 6, 12; 9, 328; 16, 200) und der Gehorsamspflicht und Dienstpflicht der Beamten sowie die Versorgungsverhältnisse der Hinterbliebenen sind öffentlich-rechtlicher Natur und unterstehen daher, auch soweit es sich um vermögensrechtliche Ansprüche handelt, nicht den Vorschriften des bürgerlichen Rechtes, sondern des öffentlichen Bundes- und Länderrechtes. Nach § 126 des Beamtenrechtsrahmengesetzes v. 1. 7. 57 (BGBl. I 667), der für alle Beamtenverhältnisse bindende Kraft hat, ist deshalb für jegliche vermögensrechtliche Ansprüche nur noch der Verwaltungsrechtsweg gegeben.

Anm. 42

Der Beamte hat dem Staat oder der Körperschaft, in dessen Dienst er steht, seine volle Arbeitskraft zu widmen und ist auch im Innenverhältnis zur Treue verpflichtet, während andererseits der Staat und damit jeder Vorgesetzte kraft der ihm obliegenden Fürsorgepflicht gehalten ist, die ihm untergebenen Beamten mit Gerechtigkeit und Wohlwollen zu behandeln, ihnen die Erfüllung ihrer Dienste nach Möglichkeit zu erleichtern und alles zu vermeiden, was für ihr Fortkommen von Nachteil sein könnte (**RG** 141, 389; **BGH** 15, 187), z. B. ihm über seine Diensteinkünfte eine richtige und vollständige Auskunft zu erteilen oder ihm über die Tragweite der ihm anheimgestellten Anträge und Entschließungen sachgemäß aufzuklären (**BGH** 7, 70). Der Vorgesetzte darf aus einem Sachverhalt, auch wenn er mit in die Personalakten aufgenommen ist, dem Beamten ungünstige Folge nur dann ziehen, wenn er ihm Gelegenheit gegeben hat, dazu Stellung zu nehmen (**BGHZ** 22, 259). Ein Anspruch auf Gewährung einer bestimmten dienstlichen Stellung, insbesondere auf Beförderung besteht aber auch auf Grund der Fürsorgepflicht nicht (**RG** 146, 349; 159, 247; **BGH** 15, 185; 21, 256); anders bei Zusage einer im Etatvorschlag vorgesehenen Stelle (**BGH** 23, 36 [41]). Bei Beurteilung der Fürsorgepflicht können auch die für den bürgerlich-rechtlichen Dienstvertrag und das Arbeitsverhältnis geltenden Schutzvorschriften, wie § 618, herangezogen werden. Es handelt sich hierbei aber nicht um eine entsprechende Anwendung dieser privatrechtlichen Bestimmungen, sondern nur um die Heranziehung der darin zum Ausdruck gekommenen allgemeinen Rechtsgrundsätze, und es müssen daher die Besonderheiten des öffentlichen Dienstes berücksichtigt werden (**RG** 141, 389). Über die Frage, ob ein Verstoß gegen die dem Beamten gegenüber obliegende Fürsorgepflicht zugleich eine Amtspflichtverletzung gemäß § 839 BGB enthält, vgl. **RG** 137, 81; 141, 390; **BGH** 14, 137; 15, 187; dagegen Idel NJW 1955, 1360 und § 89 Anm. 8 über die entsprechende Anwendung des § 278.

Anm. 42a

Das Gehalt ist keine Gegenleistung für geleistete Dienste, sondern Gewährung des standesgemäßen Lebensunterhaltes, ebenso das Ruhegehalt. Diesen Lebensunterhalt muß der Dienstherr grundsätzlich selbst gewähren und kann deshalb nicht auf anderweites Einkommen, insbesondere nicht auf anderweites privates Arbeitseinkommen verweisen (**BGH** 20, 15). Anrechenbar ist nach § 127 DBG, § 158 BBG nur das Einkommen eines Ruhestandsbeamten aus einem anderen öffentlichen Dienst.

Anm. 43

Der Beamte **handelt** stets nur kraft seines Amtes. Auch wenn er nur auf Antrag und für einen anderen tätig wird, dessen Rechte gegenüber Dritten wahrnimmt, steht er zu ihm nicht in einem Auftrags- oder Dienstverhältnis, nimmt keine Geschäftsbesorgung im Sinne des § 675 vor. Entsteht anderen Personen aus der Tätigkeit des Beamten durch dessen Verschulden ein Schaden, so haftet gemäß Art. 34 GG der Staat oder die Körperschaft, in dessen Dienst er steht (**BGH** 2, 351, 6, 215). Der Beamte selbst kann nur von seiner Dienstbehörde für den von ihm verschuldeten Schaden in Anspruch genommen werden, soweit er vorsätzlich oder grob fahrlässig gehandelt hat, also nicht bei leichten Versehen (Art. 34 Satz 2 GG). Soweit ein Beamter in einem Organ eines wirtschaftlichen Unternehmens für seine Körperschaft tätig ist, hat diese bei leichter Fahrlässigkeit die Haftung zu übernehmen (vgl. § 12 DBG; § 67 BBG). Auch bei sonstiger Betätigung im wirtschaftlichen Bereich wie bei unmittelbarer Schadenszufügung, insbesondere für Fehlbeträge bei der fiskalischen Vermögensverwaltung, entfällt im allgemeinen bei leichter Fahrlässigkeit eine Haftung des Beamten gegenüber seinem Dienstherrn (s. Anm. 17, Denecke RdA 1952 S. 209). Wird mit dem Staate oder der öffentlichen Behörde von einem Dritten ein Vertrag geschlossen, so kann der Beamte nur gemäß § 179 BGB in Anspruch genommen werden, wenn er seine Vollmacht überschritten hat oder sich einer unerlaubten Handlung schuldig gemacht hat. Sonst können Ansprüche nur gegen die Körperschaft aus dem Vertrage erhoben werden.

Anm. 43a

Alles dies gilt insbesondere auch für den **Gerichtsvollzieher.** Während ursprünglich, als dieser kein Gehalt erhielt, sondern nur auf die Gebühren angewiesen war, angenommen wurde, daß durch die Beauftragung mit einer Zustellung oder der Durchführung einer Zwangsvollstreckung ein Auftrag oder Dienstverhältnis entstände, steht seit dem Beschluß der vereinigten Zivilsenate in **RG** 82, 85 fest, daß der Gerichtsvollzieher bei Vornahme aller seiner Handlungen (Zustellungen, Zwangsvollstreckungen, Pfandversteigerungen nach §§ 1235ff. BGB, freiwilligen Versteigerungen) selbst bei Wahrnehmung der Rechte Dritter nur als Beamter, nicht als Vertreter oder im Auftrage anderer handelt (**RG** 91, 179; 102, 79; 144, 202 u. a.). Über einzelne Fälle von Amtspflichtverletzungen des Gerichtsvollziehers s. § 839.

V. Verfolgung der Ansprüche aus Dienst- und Arbeitsverträgen

Anm. 44

Regelmäßig hat der Dienstberechtigte (Arbeitgeber) einen **klagbaren Anspruch** nur (positiv) auf Leistung der versprochenen Dienste, ohne jedoch in dieser Richtung einen gerichtlichen Zwang geltend machen zu können (§ 888 Abs. 2 ZPO). Dagegen hat er nicht ohne weiteres einen (negativen) Anspruch dahin, daß der Verpflichtete während seiner Vertragszeit bei keinem anderen Arbeitgeber Dienste nehme (§ 611 Anm. 1). Doch kann in dieser Beziehung infolge besonderer Vereinbarung (**RG** 72, 393; JW 1910, 585[24]), auch ohne solche auf Grund der gegenseitigen Treupflicht, bei Vorliegen eines besonderen Interesses des Dienstherrn an dem Unterbleiben der Arbeitsleistung bei einem Dritten, ein Anspruch, seinem Bediensteten die Dienstleistung bei einem anderen Geschäftsherrn zu verbieten, sich ergeben, und in diesem Falle wird sich auch der gerichtliche Zwang rechtfertigen lassen (LAG Hamburg-Bremen, Württemberg u. a. AP Nr. 1—5 zu § 611 Anspruch auf Arbeitslenkung), so ist z. B. gegenüber einem Schauspieler, der sich verpflichtet hat, nur auf einer bestimmten Bühne aufzutreten, ein gerichtliches Strafverbot im Falle des Auftretens auf einer Wettbewerbsbühne für zulässig erachtet worden (**RG** 29. 1. 1904 III 517/03).

Anm. 45

Die Vorschriften der §§ 850—856 ZPO über die **Pfändung von Dienst- und Arbeitslohn** sichern den Arbeitnehmern und Beamten, wie deren Hinterbliebenen, das zu ihrem Unterhalt erforderliche Einkommen (z. Z. 169 DM zuzüglich 39 DM monatlich für jedes unterhaltsberechtigte Familienmitglied), bei Unterhaltsansprüchen den unbedingt notwendigen Betrag, tritt aber andererseits den Versuchen, sich durch Abmachungen mit dem Dienstberechtigten, z.B. über Zahlung eines Teiles seines Lohnes an Dritte zu entziehen, dadurch entgegen, daß die Pfändung ohne weiteres die Ansprüche Dritter erfaßt und läßt eine Pfändung eines angemessenen Betrages auch dann zu, wenn ein Arbeitnehmer seine Dienste einem anderen unentgeltlich oder zu einem unverhältnismäßig geringen Betrage zur Verfügung stellt, obwohl sie sonst üblicherweise vergütet werden (§ 850h). Der Pfändungsbeschluß umfaßt in der Regel auch die künftigen, aus demselben Arbeitsverhältnis fließenden Lohnansprüche (**BAG** 3, 200). Einwendungen gegen den Pfändungs- und Überweisungsbeschluß, namentlich hinsichtlich der Pfändungsgrenzen kann auch der Arbeitgeber erheben, und zwar nicht nur durch Erinnerung gemäß § 766 ZPO, sondern auch im Rechtsstreit auf Zahlung der gepfändeten Beträge (str. vgl. LAG Hamm, AP 1953 Nr. 66 m. Nachw., dagegen Pohle in der Anm.). Über Aufrechnungen gegen Lohnforderungen vgl. Anm. 2 zu § 614.

Anm. 46

Ein **Konkursvorrecht** aus § 61 KO genießen von den selbständig Tätigen nur die Ärzte (Tierärzte), Apotheker, Hebammen und Krankenpfleger wegen ihrer Kur- und

Pflegekosten aus dem letzten Jahr (Z. 4), ebenso die selbständigen Handelsvertreter, für die gemäß § 92a HGB Mindestarbeitsbedingungen festgesetzt werden können und deren Durchschnittsverdienst in den letzten 6 Monaten unter 500 DM betrug. Dagegen genießen alle Arbeitnehmer das Vorrecht wegen ihrer im letzten Jahr rückständigen Forderungen aus dem Arbeitsvertrage ohne Rücksicht darauf, ob sie Entgelt für die geleistete Arbeit oder Leistungen auf Grund der Treu- und Fürsorgepflicht sind, also auch Urlaubsvergütungen (**RAG** ArbRS 6, 368). Auch für Ruhegehaltsbezüge muß dies gelten. **RAG** ArbRS 13, 321 hat dies mit der Begründung abgelehnt, daß unter dem Schutz des § 61 Z 1 KO nach dem Sinn und Zweck nur solche Leistungen in Frage kämen, die im unmittelbaren Austausch für geleistete Dienste gewährt wurden, bei einem Ruhegehaltsempfänger sei aber das Austauschverhältnis bereits beendet. Die Entscheidung beruht also auf der jetzt überholten Anschauung des Arbeitsverhältnisses als eines auf den Austausch von Leistung und Gegenleistung gerichteten Schuldverhältnisses und kann deshalb nicht mehr maßgebend sein. Der Sinn und Zweck des § 61 Z 1, den Arbeitnehmern für eine gewisse Zeit die für ihren Lebensunterhalt erforderlichen Beträge zu sichern, muß auch für das Ruhegehalt gelten (vgl. Denecke DArbR 1937, 74). Fraglich dagegen ist, ob die erst nach der Konkurseröffnung fällig werdenden Ruhegehaltsansprüche zu den Masseschulden i. S. des § 59 Z 1 KO gehören, und ob die veränderte Auffassung von dem Wesen des Arbeitsverhältnisses eine Gleichstellung mit dem Lohn zuläßt (ablehnend **RAG** ArbRS 11, 518; 15, 359; 17, 91, dafür Volkmar Anm. zu E 17, 91 u. Denecke a. a. O.; Heismann RDA 1955, 371). Dagegen gehört nicht zu den bevorrechtigten Forderungen eine vertragliche Abgangsentschädigung oder die Abfindung des § 7 des Kündigungsschutzgesetzes. Sie werden allerdings auch nicht von einem Vergleichsverfahren betroffen (§ 4 VglO; **RAG** ArbRS 22, 34; 23, 129; Hueck KSchG § 8 Anm. 7), wie sie auch auf das Arbeitslosengeld anzurechnen sind (**BSozG** AP 3, 4 zu § 7 KSchG).

Anm. 47

Für **Streitigkeiten aus den Arbeitsverhältnissen** sind die Arbeitsgerichte ausschließlich zuständig, auch für Ansprüche aus unerlaubten Handlungen, soweit sie mit dem Arbeitsverhältnisse im Zusammenhange stehen, für Streitigkeiten aus Erfindungen nur wegen der Höhe der dem Arbeitnehmer zu zahlenden Vergütung, aber nicht für die Frage, ob die Erfindung von dem Arbeitnehmer gemacht ist. Weiter gehören zur Zuständigkeit der Arbeitsgerichte auch Streitigkeiten der Arbeitnehmer aus gemeinsamer Arbeit und den dabei begangenen unerlaubten Handlungen. Die Zuständigkeit des Arbeitsgerichts erstreckt sich gemäß § 5 auch auf die sog. arbeitnehmerähnlichen Personen, d. h. die werktätigen Personen, die zwar in ihrer Arbeitsleistung persönlich unabhängig sind, aber infolge ihrer wirtschaftlichen Abhängigkeit sich nicht wesentlich von Arbeitnehmern unterscheiden (**RAG** ArbRS 27, 326; 32, 221; LAG Mannheim AP 51 Nr. 275, 276). Das sind die kleinere Handelsvertreter, die nur für eine Firma tätig sind und einen Monatsverdienst unter 500 DM haben (Art. 3 Handelsvertreterges.), Zwischenmeister (**RAG** ArbRS 8, 21), Heimarbeiter, Hausgewerbetreibende, kleine Handwerker, die nur für eine Firma in deren Betrieb tätig sind. Der Begriff ist nicht eng auszulegen (**RAG** ArbRS 32, 221). Auch Streitigkeiten zwischen den Tarifparteien und diesen und Dritten aus dem Tarifvertrage, wie über das Bestehen und Nichtbestehen und die Auslegung sowie Streitigkeiten aus Arbeitskämpfen sind von den Arbeitsgerichten zu entscheiden (§ 2 Z 1). Gemäß § 8 TVG genießen die Entscheidungen in den Rechtsstreiten zwischen den Tarifparteien insofern erweiterte Rechtskraft, als sie auch in Rechtsstreiten zwischen tarifgebundenen Parteien und diesem und Dritte für Gerichte, Schiedsgerichte und Schiedsgutachterstellen bindend sind. Über Ausschließung und Beschränkung der Arbeitsgerichtsbarkeit durch Tarifvertrag vgl. **RAG** ArbRS 32, 347. Bei Streitigkeiten zwischen Lehrlingen und Innungsmitgliedern muß dem Verfahren vor dem Arbeitsgericht eine Entscheidung des Innungsausschusses vorausgehen, es sei denn, daß das Lehrverhältnis schon vor Klageerhebung gelöst war (vgl. ArbGG § 111 **RAG** ArbRS 2, 175; 14, 207; 33, 10). Die Frage, ob das Arbeitsgericht oder das ordentliche Gericht berufen ist, betrifft nicht die Zulässigkeit des Rechtswegs, sondern die sachliche Zuständigkeit (**RG** 25. 5. 1927 III

485/25; vgl. **RG** 76, 176; 103, 103). Daran hat sich durch den Beschluß des Großen Senats für Zivilsachen **RG** 156, 279 nichts geändert; die dort zur Frage des Rechtswegs aufgestellten Grundsätze beziehen sich nicht auf das Verhältnis zwischen den ordentlichen Gerichten und den Arbeitsgerichten (vgl. § 528 ZPO, § 48 ArbGG und **RG** 158, 193).

VI. Arbeitsverhältnis in der Sowjetzone

Anm. 48

Nicht nur das Arbeitsschutzrecht ist völlig neu gestaltet (vgl. Denecke AZO 2. Aufl. Einl. IV), sondern auch das materielle Recht hat eine grundsätzliche Wandelung erfahren. Der private Arbeitgeber ist in Handel und Gewerbe, aber auch in der Landwirtschaft mit wenigen, immer geringer werdenden Ausnahmen (Klein- und Kleinstbetriebe) durch staatliche Behörden und öffentlich-rechtliche Körperschaften, Volkseigene Betriebe, Konsum- und Produktionsgenossenschaften ersetzt. Deren Tätigkeit wird ausschließlich durch die vom Staate aufgestellten Volkswirtschaftspläne bestimmt, die nicht nur Art und Umfang der Erzeugung, sondern auch die dazu erforderlichen Kosten, insbesondere die Lohnsummen im voraus festlegen. Die in den Plänen vorgesehene Steigerung der Arbeitsproduktivität und Senkung der Erzeugungskosten durchzuführen, ist Hauptaufgabe der Betriebsverwaltungen, deren Weisungsrecht deshalb erweitert ist, während anderseits die Gestaltung der Arbeitsbedingungen durch Einzel- und Gesamtvereinbarung nahezu ganz ausgeschaltet ist. Denn die wesentlichen Arbeitsbedingungen sind durch Gesetz oder Verordnung festgelegt, so allgemein durch das Gesetz der Arbeit v. 9. 7. 1950 (GBl. 349), das Kündigungsrecht durch VO v. 7. 6. 1951 (GBl. 550), Erholungsurlaub durch VO v. 7. 6. 1951 (GBl. 547) mit DV (GBl. 51, 1180; 52, 840), Lohnzahlung an Feiertagen, bei Erkrankungen, Nachtarbeit, Überarbeit und sonstige Zuschläge durch VO 20, 52 (GBl. 377) nebst DV (GBl. 52, 383, 839); Löhne und Gehälter sowie die Gruppeneinteilung durch VO v. 17. 8. 1950 nebst DV (GBl. 839, 748 u. VO v. 28. 6. 1952 (GBl. 501—514). Die ursprünglich in der VO v. 8. 6. 1950 (GBl. 493) noch vorgesehene Kollektivregelung durch Tarifverträge hat infolgedessen mehr und mehr an Bedeutung verloren. An ihre Stelle sind Betriebskollektivverträge getreten, die aber infolge der genannten Verordnungen sich weniger mit Arbeitsbedingungen als mit sozialen Aufgaben des Betriebes befassen. Überdies ist die freie betriebliche Gestaltung durch die von den Ministerien herausgegebenen Musterkollektivverträge und hinsichtlich der Festsetzung der Arbeitsnormen und der Leistungslöhne durch amtliche Richtlinien für die Erarbeitung technisch begründeter Arbeitsnormen wesentlich eingeschränkt (vgl. VO v. 20. 5. 1952 GBl. 384, 401). Aufgabe und Ziel aller dieser neuen Bestimmungen ist, wie in ihnen immer wieder betont wird, die Erfüllung der Pläne und die Steigerung der Produktivität zu sichern. Dieses Ziel müsse, wie im Schrifttum und der Rechtsprechung immer wieder hervorgehoben wird, auch bei der Anwendung älterer Gesetzesbestimmungen ausschlaggebend sein. Das Einzelinteresse habe hinter dem Gesamtinteresse zurückzutreten, da die Produktionsmittel nicht mehr im Eigentum des Gegenspieler des Arbeitnehmers, sondern des gesamten Volkes ständen, die Senkung der Erzeugungskosten und die Steigerung der Produktion der Verbesserung der Lebenshaltung des schaffenden Volkes diene.

Der Arbeitsvertrag hat also seine Bedeutung, die Rechtsbeziehungen zwischen Arbeitgeber und Arbeitnehmer, sei es auf einzelvertraglicher oder kollektiver Grundlage, zu regeln, verloren. An Stelle der Regelung durch die Beteiligten ist die unmittelbare staatliche oder mindestens staatlich gelenkte Regelung getreten, die auch günstigere Vereinbarungen nicht zuläßt. Der Arbeitsvertrag ist nur noch ein Einstellungsvertrag, dient nur der Eingliederung in den Betrieb.

Das Arbeitsrecht der DDR unterscheidet sich somit wesentlich von dem im Bundesgebiet geltenden Recht, es kann deshalb — auch nicht im Wege der Rechtsvergleichung — bei der Anwendung der Bestimmungen des BGB und der für das Bundesgebiet geltenden Sonderbestimmungen nicht herangezogen werden. Entscheidungen dortiger Gerichte haben für das Bundesgebiet keine Bedeutung. Infolge der wirtschaftlichen Trennung, die eine Betätigung von im Bundesgebiet beheimateter Betriebe in der Sowjetzone nicht zuläßt, wird auch eine Anwendung der Bestimmungen und Grundsätze der Sowjetzone auf im Bundesgebiet begründete oder bestehende Arbeitsverhältnisse nicht in Frage kommen, interzonale Rechtsfragen können nicht entstehen.

VII. Einzelne Dienstverhältnisse

A. Schiedsrichter und Schiedsgutachter

Anm. 49

Der Vertrag zwischen dem Schiedsrichter und den Parteien des schiedsgerichtlichen Verfahrens (ZPO §§ 1025ff.) ist einem Dienstvertrag (oder Auftrag, nicht einem Werkvertrag) ähnlich, aber mit Rücksicht auf die Eigenart der schiedrichterlichen Tätigkeit als ein Vertrag besonderer Art anzusehen (**RG** 59, 247; 65, 175; 74, 321; 94, 210). Er kann nicht wegen Irrtums über persönliche Eigenschaften angefochten, der Schiedsrichter vielmehr nur gemäß §§ 1025, 1032 ZPO abgelehnt werden (**BGHZ** 17, 7). Der Schiedsrichter steht ebenso wie der staatliche Richter über den Parteien, muß ebenso unbefangen und unparteilich urteilen, seine Stellung ist aber freier als die des staatlichen Richters (**RG** 41, 255; 59, 249; 94, 212). Mit der Übernahme seines Amtes wird der Schiedsrichter beiden Parteien gegenüber in gleicher Weise berechtigt und verpflichtet, mag er auch nur von einer Partei ernannt worden sein (**RG** 41, 251; 59, 247; 74, 321 u. a.; für Schiedsgutachter s. **RG** 87, 191). Beide können ihn daher zur Erfüllung seiner Aufgabe anhalten (**RG** 59, 252; Kündigung **RG** 101, 392; **RG** Gruchot 65, 497; **RG** SeuffArch 69 Nr. 162; s. auch SeuffArch 86 Nr. 105) und er haftet beiden für die Ordnungsmäßigkeit der Erfüllung seiner Vertragspflichten, jedoch in analoger Anwendung des § 839 Abs. 2 nicht wegen Versehen bei der Spruchtätigkeit (**RG** 65, 175; **BGH** 15, 13). Anderseits haften beide Parteien nach § 427, als Gesamtschuldner für die ihm zustehende Vergütung (**RG** 94, 210; SeuffArch 74 Nr. 77). Ob dem Schiedsrichter eine Vergütung zusteht, bestimmt sich mangels besonderer Vereinbarung entsprechend den Vorschriften der §§ 612, 632 danach, ob die schiedsrichterliche Tätigkeit nach den Umständen nur gegen eine Vergütung zu erwarten ist (**RG** 94, 210). Die Höhe der Vergütung bestimmt sich mangels einer Vereinbarung nach dem, was üblich oder angemessen ist; nur hierauf erstreckt sich auch die Prüfung des ordentlichen Gerichts; ob der Schiedsspruch sachlich richtig und ob er rechtsbeständig ist, hat dabei außer Betracht zu bleiben (**RG** JW 1927, 1484[16]). Auch von der Rechtsbeständigkeit eines im Schiedsverfahren geschlossenen Vergleichs ist der Vergütungsanspruch nicht abhängig (**RG** JW 1927, 2459[4]). Bestimmung des der Vergütung zugrunde zu legenden Streitwerts durch die Schiedsrichter (**RG** WarnRspr 1926 Nr. 142; 1927 Nr. 39). Ist im Schiedsrichtervertrag vereinbart, daß die Vergütung der Schiedsrichter sich nach den Bestimmungen der RAGebO bemessen soll, so ist der Streitwert eines im Schiedsverfahren geltend gemachten Feststellungsanspruchs nach § 3 ZPO frei zu schätzen (**RG** 3. 4. 1936 III 263/35). In dieser Entscheidung ist auch ausgesprochen, daß die Schiedsrichter nicht verpflichtet sind, bei der Einforderung eines Vorschusses für ihre Vergütung darauf zu achten, daß die obsiegende Partei nicht schließlich dadurch zu Schaden kommt, daß sie als Gesamtschuldner zur Zahlung des Gebührenrestes an Stelle des zahlungsunfähigen Gegners herangezogen wird.

Anm. 50

Auch der Schiedsgutachtervertrag ist ein Vertrag besonderer Art, für den die Bestimmung des Dienstvertrages und der Geschäftsbesorgung (§ 675) nur sinngemäß anwendbar sind. Mangels anderer Abrede ist die Entscheidung nach billigem Ermessen und mit Stimmenmehrheit zu fassen, bei Schätzungssachen ist dagegen gemäß § 317 II in der Regel die Durchschnittssumme festzusetzen. Die Schiedsgutachter haften dafür, daß alle für die Entscheidung maßgebenden Umstände beider Parteien berücksichtigt werden und ein beiden Auftraggebern gerecht werdendes Ergebnis gefunden wird. Erscheint einem Gutachter die getroffene Entscheidung offenbar unbillig, so hat er die Parteien auf seine Bedenken hinzuweisen. § 839 Abs. 2 ist nicht anwendbar (**BGH** 22, 344) vgl. auch § 662 Anm. 1; § 671 Anm. 1 und **BAG** 4, 39.

B. Architekten—Ingenieure

Anm. 51

Übernimmt ein Architekt nicht nur die Herstellung der Baupläne und Kostenanschläge, sondern auch die Ausführung des Baues, d. h. hat er die Verhandlungen über die Lieferung der Baumaterialien und der Ausführung der Bauarbeiten zu führen oder den Bauherrn dabei zu beraten und alsdann die Ausführung der Bauarbeiten zu leiten oder zu überwachen, so liegt ein Dienstvertrag vor (**RG** 63, 112; 86, 75). Der Vertrag wird auch nicht dadurch zu einem Werkvertrag, daß er die Ausführung des Baues für eine feste Gesamtsumme übernimmt, es liegt darin vielmehr nur ein zusätzliches Garantieversprechen. Er hat alsdann — in Erfüllung dieses Versprechens, nicht auf Grund Schadenshaftung — für die Überschreitung der Bausumme einzustehen, ohne Rücksicht auf etwaiges Verschulden oder Unmöglichkeit. Er muß also die über die vereinbarte Summe hinausgehenden Baukosten entweder selbst tragen oder sie dem Bauherrn erstatten (**RG** 137, 83). Für Mängel des Baues haftet er nur, soweit ihn bei der Planung, Leitung oder Aufsicht ein Verschulden trifft, sonst die Lieferanten und Bauhandwerker. Ist die Ausführung des Baues aus Umständen unmöglich geworden, die keine der beiden Parteien zu vertreten hat, so kann der Architekt nicht etwa einen Teil des vereinbarten Honorars für den Entwurf des Bauplanes verlangen. **OGH** NJW 1949, 943, a. M. Hieronymus NJW 50,463. Das gleiche gilt für die Herstellung industrieller Anlagen (**RG** 81, 8; vgl. Vorbem. § 631 u. § 632 Anm. 2).

C. Ärzte

Anm. 52

1. Öffentlich-rechtliche Stellung und Pflichten

Die Vorschriften des Dienstvertrags, unter Umständen die des Werkvertrags, finden Anwendung auf das Verhältnis des Arztes zum Kranken. Allerdings ist der Arzt auch dem öffentlichen Recht unterworfen. Nach der noch geltenden **Reichsärzteordnung v. 13. 12. 1935** (RGBl. I, 1433), (für Bayern Ärztegesetz v. 25. 5. 1946 GVBl. 193) ist der Arzt zum Dienst an der Gesundheit des einzelnen Menschen und des gesamten Volkes berufen und erfüllt damit eine durch das Gesetz geregelte öffentliche Aufgabe (§ 1 Abs. 1). Der ärztliche Beruf ist (unbeschadet der steuerrechtlichen Behandlung § 90) kein Gewerbe (§ 1 Abs. 2). Seine Ausübung setzt die behördliche Bestallung als Arzt voraus (§§ 2 ff.). Der Arzt ist zur gewissenhaften Berufsausübung, zu einem seines Berufs würdigen Verhalten (§ 12), bei Meidung krimineller Strafe (bisher StGB § 300) auch zur Wahrung des Berufsgeheimnisses verpflichtet (§ 13). (Über Auskunftspflichten gegenüber Unfallversicherung RVO § 1543, im Sozialversicherungsverfahren SGerG § 106 JR 1956, 453; Einsicht und Herausgabe von Krankenblättern JR 54, 174; 56, 11, 453.) Er unterliegt bei Verletzung von Berufspflichten, insbesondere bei Verstößen gegen die Berufsordnung (§ 14) der berufsgerichtlichen Bestrafung (§§ 51 ff.). Vgl. auch die Berufsordnung für die deutschen Ärzte v. 5. 11. 1937 (DÄrzteBl. 1031), für das Bundesgebiet die neue Berufsordnung von 1950. Unter Berücksichtigung der öffentlich-rechtlichen Stellung und Aufgabe des Arztes sind auch Verträge über die entgeltliche Überlassung einer ärztlichen Praxis durch den abgebenden Arzt oder die Witwe eines Arztes zu beurteilen. Sie sind, auch nach heutiger Anschauung (vgl. Reichsärzteordnung § 49 Abs. 3), nicht schlechtweg als sittenwidrig und gemäß § 138 nichtig zu erachten; nur darf die vertragliche Regelung dem übernehmenden Arzte nicht die pflichtmäßige Erfüllung seiner öffentlichen Aufgabe im Dienst an der Gesundheit des einzelnen und des gesamten Volkes erschweren oder unmöglich machen (vgl. **RG** 144, 1; 153, 294; **RG** WarnRspr 1934 Nr. 68). Entgegen der früheren Rechtsprechung (**RG** 66, 143; 68, 188; 90, 35) sind auch Abreden praktischer Ärzte mit ihren Assistenten und Vertretern dahin, daß sie sich gewisse Zeit nach Beendigung ihrer Tätigkeit nicht im gleichen Praxisbereich niederlassen dürfen, nicht unzulässig, wenn dieses Wettbewerbsverbot sich auf 1 Jahr beschränkt, da in § 15 Abs. 7 der auf Grund der Reichsärzteordnung erlassenen Berufsordnung vom 5. 11. 1937 (ebenso in der neuen Berufsordnung von 1950) ausdrücklich während dieser Frist eine Niederlassung ohne Einwilligung des Arztes oder Genehmigung der Ärztekammer untersagt ist (vgl. LAG Frankfurt a. M. AP 51 Nr. 85). Auch ein Praxisaustausch mit einem Rückkehrverbot für begrenzte Zeit ist zulässig (**BGH** 16, 71). Diese Grundsätze sind bei Übertragung einer zahnärztlichen und tierärztlichen Praxis entsprechend anwendbar (**RG** WarnRspr. 1933 Nr. 92) Über die Besuchspflicht des Arztes, namentlich, wenn er den Bereitschaftsdienst übernommen hat **BGHSt.** JR 1955, 269.

Anm. 53

2. Rechte und Pflichten gegenüber Patienten

Der öffentlich-rechtliche Charakter seiner Stellung schließt aber nicht aus, daß der Arzt regelmäßig tätig wird auf Grund eines dem bürgerlichen Rechte angehörigen ausdrücklichen oder stillschweigenden Vertrags mit dem Kranken oder seinen Angehörigen und gesetzlichen Vertretern. Er bedarf deshalb deren Einverständnisses zur Vornahme einer **Operation,** Injektion und Punktation, Bestrahlungen und ähnlichen Eingriffen, die nicht ungefährlich oder mit nicht voraussehbaren Folgen verbunden sind (st. Rspr. **RG** 68, 431; 163, 129; **BGH** 7, 198). Eine stillschweigende Einwilligung steht der ausdrücklichen gleich. Bei Gefahr im Verzug bedarf es in der Regel einer Einwilligung nicht (**RG** 68, 434). Doch kann es sich dabei nur um Fälle handeln, in denen aus besonderen Gründen die Einwilligung des Kranken nicht eingeholt werden kann, z. B. wenn er bewußtlos ist, oder wenn erst im Laufe eines mit seiner Zustimmung erfolgten Eingriffs die Notwendigkeit eines weiteren Eingriffs sich ergibt (**RG** 163, 129; **BGH** 25, 86) und nach Lage der Sache angenommen werden darf, der Kranke würde, wenn er gefragt werden könnte, die Einwilligung nicht versagen. Indessen kann der Arzt bei einer gefahrvollen Behandlung sich nicht auf die Einwilligung berufen, wenn sie durch Willensmängel beeinflußt ist oder gegen ein gesetzliches Verbot oder die guten Sitten verstößt (Schwangerschaftsunterbrechung). Im letzteren Falle ist auch der Einwand der unzulässigen Rechtsausübung nicht gerechtfertigt (**BGH** 7, 198 [206]). Gegen den ausdrücklichen Willen des Kranken darf der Arzt, auch bei Gefahr im Verzug, nicht handeln, es müßte denn sein, daß das Gesetz ihn dazu wie bei Behandlung von Geschlechtskrankheiten, ermächtigt, oder der Schritt unter dem Gesichtspunkt eines überragenden öffentlichen Interesses gerechtfertig erscheint, wie etwa bei einem Widerstreit zwischen den Pflichten, die dem Arzt gegenüber dem Kranken obliegen, und jenen, die sich für ihn nach der Reichsärzteordnung aus seinem öffentlichen Aufgabengebiet ergeben (**RG** 151, 349; 168, 210). Über die Bedeutung der Verpflichtung des Kranken zur Mitwirkung bei der Herbeiführung des Heilerfolges gemäß § 182 RVO vgl. **RG** 168, 211. Der Arzt ist nicht verpflichtet, den Kranken auf alle möglichen Folgen einer Operation aufmerksam zu machen (**RG** 78, 432; **RG** WarnRspr 1920 Nr. 109), insbesondere nicht bei an sich geringfügigen Eingriffen auf die Möglichkeit schädlicher Folgen unter nicht voraussehbaren ungünstigen Umständen (**RG** JW 1937, 927[5]). Eine umfassende Belehrung ist unter Umständen sogar unrichtig, weil sie aufregen oder von der Einwilligung zu einem notwendigen Eingriff abschrecken kann. Der Arzt muß sich aber wenigstens im allgemeinen die Einwilligung des Kranken in die Vornahme der Operation sichern und darf ihn nicht über wesentliche Umstände im unklaren lassen (**RG** 168, 213), auch nicht bewußt wahrheitswidrig einen Eingriff als völlig ungefährlich bezeichnen (**RG** HRR 1934 Nr. 1278). Über die Verpflichtung des Arztes, dem Kranken mitzuteilen, daß die vorzunehmende Operation den gewünschten Erfolg nicht unbedingt verspreche und gewisse Nebenwirkungen nicht ausschließe, s. **RG** JW 1932, 3328[2]. Macht der Arzt darauf aufmerksam, es sei Gefahr im Verzug, der Kranke müsse ihm alles einzelne überlassen, und unterzieht sich nun der Kranke einer Operation, so liegt darin zugleich die Erklärung des Einverständnisses mit einer Ausdehnung der Operation über den ursprünglich beabsichtigten Umfang hinaus, falls diese Ausdehnung nach ärztlichen Grundsätzen zur Heilung des Kranken erforderlich sein sollte. So für einen Fall, in dem der Arzt einen ungefährlichen Eingriff an der Gebärmutter vornehmen sollte, bei der Operation aber Krebs vorfand und deshalb die ganze Gebärmutter entfernte (**RG** 21. 11. 1913 III 277/13). Dadurch, daß der Erkrankte sich mit einer bestimmten Art der Behandlung (z. B. nach einem Naturheilverfahren) einverstanden erklärt oder sich sogar nur zum Zwecke einer solchen an den Arzt wendet, wird dieser mangels einer abweichenden Vereinbarung nicht der Pflicht überhoben, die Richtigkeit dieser Behandlung von vornherein und in ihrem Verlaufe zu prüfen und, wenn nach den Regeln der ärztlichen Wissenschaft ihre Erfolglosigkeit oder gar Schädlichkeit anzunehmen ist, sie aufzugeben oder wenigstens von ihr abzuraten (**RG** WarnRspr 1912 Nr. 373). Vgl. auch OLG 33, 329 (Gewährung einer vom Kranken gewünschten Behandlung im Bewußtsein ihrer Sachwidrigkeit und Gesundheitsschädlichkeit als Verstoß gegen die guten Sitten, § 826). Schadensersatzpflicht eines Arztes, der einem Patienten nach Entwöhnung vom Morphium noch unschädliche Medikamente als „Morphium" einspritzt, s. HRR 1935 Nr. 721.

Anm. 54

Bei der Behandlung von Kindern tritt der Arzt in der Regel in vertragliche Beziehungen nicht nur zu den Eltern oder sonstigen für sie sorgenden Personen, sondern gemäß § 328 auch zu den Kindern selbst (**RG** 152, 175 unter Aufgabe des Standpunktes in **RG** 85, 183). Liegt ein Vertragsverhältnis nicht vor, so kann Anspruch und Haftung des Arztes aus Geschäftsführung ohne Auftrag (§§ 677, 680) in Frage kommen. Haftung des Ehemannes einer Patientin s. auch HRR 1932 Nr. 112. — Neben die Haftung aus Vertrag oder Geschäftsführung ohne Auftrag tritt die Haftung aus unerlaubter Handlung (§§ 823ff.), insofern der Arzt, der den Kranken gegen die anerkannten Regeln der ärztlichen Wissenschaft oder sonst vorsätzlich oder fahrlässig falsch behandelt, der allgemeinen Rechtspflicht, niemanden an seinem Körper oder an seiner Gesundheit zu verletzen, zuwiderhandelt (**RG** 88, 433; 118, 41; 125, 374).

Anm. 55

3. Haftung für Verschulden, insbesondere für Kunstfehler

Die Begriffe Kunstfehler und Verschulden decken sich nicht (**RG** HRR 1931 Nr. 1748; **RG** JW 1935, 115[3]; **BGH** 8, 140). Ein wesentlicher Vorstoß gegen Regeln der ärztlichen Kunst stellt aber regelmäßig ein Verschulden des Handelnden dar, und es ist alsdann Sache des Arztes, darzutun, warum in dem Verstoß kein Verschulden liegen soll (**RG** HRR 1934 Nr. 786; 1938 Nr. 725). Zur Beurteilung „ärztliches Kunstfehler" s. auch Elster DGWR 1938, 280. Goldhan-Hartmann, Chirurgie und Recht, 1937; Wiethaupt JR 53, 247. Vgl. **RG** JW 1912, 581[1] (fahrlässiges Durchstechen der Gebärmutter); **RG** 118, 41; 139, 255; **RG** JW 1927, 2699; 1935, 3460[4], 3540[11]; **RG** WarnRspr. 1932 Nr. 71; 1936 Nr. 169; **RG** HRR 1935 Nr. 1009; 1937 Nr. 8 und BayObLG 19, 391 (Röntgenverbrennung) **RG** WarnRspr. 1929 Nr. 43 (Verbrennung beim Diathermieverfahren). Über die bei der Ausführung von Operationen anzuwendende Sorgfalt, insbesondere die Haftung des Arztes für das Zurücklassen von Gegenständen im Körper des Operierten s. **RG** 83, 71; 97, 4; **RG** JW 1931, 1466[9]; 1934, 896[2]; 1936, 644[3]; **RG** WarnRspr. 1936 Nr. 67; s. auch HRR 1937 Nr. 1434; **BGH** 4, 139. Nach schwierigen, mit besonderer Eile ausgeführten Operationen muß der Arzt feststellen, ob die gebrauchten Gegenstände wieder zur Stelle und nicht etwa unbemerkt in die Bauchhöhle zurückgeblieben sind (**RG** 5. 2. 1937 III 164/36). Bei der Frage, welche Sorgfalt ein Arzt bei Operationen zu beobachten hat, sind auch die Erfahrungen der ärztlichen Praxis zu berücksichtigen (**RG** JW 1935, 273[3]). Bezüglich der Beweislast in Operationsfällen hat das Reichsgericht wiederholt ausgesprochen, aus der bloßen Tatsache, daß der ärztliche Eingriff nicht den erwarteten Verlauf nahm, sondern zu einer Gesundheitsbeschädigung führte, dürfe nicht auf ein Verschulden des Arztes geschlossen werden, und es dürfe die Unmöglichkeit, die Ursache der Verletzung des Kranken festzustellen, nicht zu Lasten des behandelnden Arztes gehen (**RG** 165, 336 m. Nachw.; 171, 168; **BGH** 7, 198). Es ist vielmehr zu prüfen, ob die Sachlage einen Anhalt für die Annahme bietet, daß ein schuldhaftes Verhalten des Arztes vorliege, das nach dem gewöhnlichen Verlauf der Dinge die Verletzung hervorgerufen haben könne, und ob dieser Anhalt so stark ist, daß eine Unmöglichkeit der Feststellung des ursächlichen Zusammenhangs nicht mehr angenommen werden kann (**RG** WarnRspr 1926 Nr. 155; s. auch JW 1937, 2592[26]). Ein außergewöhnlicher Verlauf einer Krankheit rechtfertigt aber nicht schon die Annahme eines Kunstfehlers oder eines Verschuldens, so daß der Arzt die Gründe und Ursachen für den regelwidrigen Verlauf der Krankheit angeben müßte (**RG** 165, 338). Auch begründet nicht jeder

Fehler in der Behandlung, nicht jeder Fehlgriff bei einer Operation ein zum Schadensersatze verpflichtendes Verschulden des Arztes (**RG** 78, 432; SeuffArch 67 Nr. 57). Bei inneren Verletzungen und insbesondere Knochenbrüchen muß der Arzt unter Umständen die Aufnahme eines Röntgenbildes veranlassen; sonst haftet er für falsche Diagnose und dementsprechend falsche Behandlung auch dann, wenn die Diagnose dem äußeren Befund entsprach (**RG** JW 1923, 603[15]). Über die Verpflichtung des Arztes zu einer Röntgenaufnahme, falls er ein in die Operationswunde eingelegtes Röhrchen beim Verbandswechsel und auch bei einer Untersuchung der Wunde mit Instrumenten nicht findet, s. **RG** JW 1931, 1466[9]. Sorgfaltspflicht des Arztes beim Niederschreiben eines Rezeptes s. **RG** 125, 374; auch JW 1938, 937[10]. Haftung des Arztes und des Apothekeninhabers, wenn das vom Arzt verordnete Mittel aus der Apotheke in einer Beschaffenheit an den Arzt gelangt, daß seine Anwendung den Tod eines Kranken herbeiführt, s. **RG** 90, 50. Wegen Fahrlässigkeit haftet der Arzt z. B. auch, wenn er bei naheliegendem Verdacht einer gonorrhoischen Bindehautentzündung einen Neugeborenen ohne sachgemäße Untersuchung behandelt (**RG** 3. 7. 1934 III 11/34), ferner wenn er den Kranken der Gefahr einer Ansteckung aussetzt (**RG** 165, 336, zugleich über die Möglichkeit des Beweises des ersten Anscheines bei ansteckenden Krankheiten (vgl. auch JW 28, 2213). Der Röntgenarzt ist verpflichtet, über die technischen Einzelheiten der von ihm vorgenommenen Bestrahlung des Kranken mit der erforderlichen Genauigkeit Buch zu führen (**RG** HRR 1935 Nr. 1009); wird durch Nichterfüllung dieser Pflicht der Fall unaufklärbar, so geht das zu Lasten des Arztes (**RG** WarnRspr 1936 Nr. 109). Zur Beweislastverteilung und Beweiswürdigung in Arztprozessen s. auch **RG** 128, 121, insbesondere bei Röntgenverbrennungen. HRR 32 Nr. 1643, JW 1933, 2701; SeuffArch 90 Nr. 176. Der Arzt kann sich auch dadurch einer Verletzung der ihm obliegenden Sorgfaltspflicht schuldig machen, daß er eine Behandlung übernimmt, die seinen Fähigkeiten und Kenntnissen nicht entspricht; doch sind die Anforderungen an die Sorgfaltspflicht nicht zu überspannen, wenn die Meinungen der ärztlichen Wissenschaft und Praxis über die ordnungsmäßige Behandlungsweise auseinandergehen (**RG** JW 1938, 2203[19]). Über die Frage, wann der Tod infolge eines gelegentlich einer unfallbedingten Operation vorgenommenen weiteren Eingriffs die adäquate Folge des Unfalls ist, vgl. BGB 25, 86.

Anm. 56

Über die Verpflichtung des vom Arzte Verletzten, sich einer Operation zur Heilung zu unterwerfen, und die Ablehnung einer zumutbaren Operation als mitwirkendes Verschulden nach § 254 s. **RG** 83, 15; 60, 147; 129, 398; 139, 131; **BGH** 10, 19, vgl. auch § 254. Begibt sich der vom Arzt Verletzte behufs Heilung der Verletzung in die Behandlung eines anderen Arztes, und wird er von diesem ebenfalls schuldhaft falsch behandelt, so muß der erste Arzt für diese mittelbare Folge seines eigenen Fehlers mithaften, es müßte denn sein, daß der zweite Arzt gegen alle ärztliche Regel und Erfahrung schon die ersten Anforderungen an ein vernünftiges, gewissenhaftes ärztliches Verfahren in gröblichstem Maße außer acht gelassen hat (**RG** 102, 230; **RG** JW 1911, 754[9], auch 1937, 990[3]). Berücksichtigung des Umstandes, daß die verletzende Handlung den Kranken von einem anderen Leiden befreite, s. **RG** JW 1913, 987[17].

Anm. 57

4. Haftung für Gehilfen (Krankenschwestern)

Vertragshaftung nach § 278, bei unerlaubter Handlung nach § 831, nur wenn die Krankenschwester Angestellte des Arztes ist, dagegen nicht, wenn sie Angestellte der Krankenanstalt ist, auch wenn sie nach Weisungen des Arztes gehandelt und diese Weisungen nicht genau beachtet hat. Haftung auch nur dann, wenn die schadenstiftende Handlung oder Unterlassung im Rahmen der dem Kranken geschuldeten Leistungen liegt (**BGH** 23, 319). Für die Folgen einer Verbrennung, die bei einer Durchleuchtung oder Bestrahlung infolge Mängel des Apparates oder Versehen der bedienenden Schwester entstanden sind, haftet der behandelnde Arzt, wenn er den Röntgenapparat oder die bedienende Schwester zur Verfügung stellt und durch sie die Durchleuchtung oder Bestrahlung vornehmen läßt, sei es, daß es sich um seinen Apparat und seine Schwester handelt, sei es, daß ihm beide von dem Krankenhaus zur Verwendung überlassen werden; er haftet aber nicht, wenn er den Kranken an das Krankenhaus verwiesen hat und das Krankenhaus von dem Patienten oder der Krankenkasse die Gebühren einzieht, d. h. mit diesen einen Vertrag geschlossen hat, falls nicht die Verbrennung auf fehlerhafte Anweisungen des Arztes zurückzuführen sind. Die Schwester ist alsdann nicht Erfüllungsgehilfin des Arztes i. S. des § 278 noch Verrichtungsgehilfin i. S. des § 831 (**RG** 118, 41; 139, 255; DJ 1937, 1883; HRR 1934 Nr. 377).

Anm. 58

5. Bei der **Aufnahme eines Kranken in ein Krankenhaus,** z. B. nach einem Unglücksfall, ist regelmäßig davon auszugehen, daß er nicht nur Beherbergung, Verpflegung und Bereitstellung von Heilmitteln, sondern in erster Linie auch ärztliche Behandlung erwartet. Soll die Aufnahme nach dem Willen der Verwaltung diese Behandlung nicht umfassen, so muß dies, sobald die Umstände es erlauben, dem Kranken oder seinem Vertreter gesagt werden (**RG** JW 1936, 3182[6]). Durch die Aufnahme eines Privatpatienten eines Krankenhausarztes entsteht auch mit dem Krankenhaus ein Vertrag auf Heilbehandlung mit den persönlichen und sächlichen Mitteln, die gewöhnlich nur in einem Krankenhaus gewährt werden können, wie z. B. bei einer Blutübertragung. Für Fehler des behandelnden Arztes oder der Krankenschwester haftet das Krankenhaus aus § 278 (**BGH** 5, 321). Ebenso wird durch Einweisung und Aufnahme eines Kassenpatienten zu dessen Gunsten gemäß § 328 mit dem Krankenhaus ein Vertrag auf sachgemäße Behandlung begründet und haftet dieses für das Versehen des behandelnden Arztes unmittelbar (**RG** 165, 105; **BGH** 1 333; 4, 138; 9, 148). Das gleiche gilt, wenn ein der öffentlichen Fürsorge bedürftiger Kranker von dem Träger der Fürsorgepflicht einer privaten Krankenanstalt oder der Anstalt einer anderen öffentlichen Körperschaft (Universitätsklinik, **BGH** 9, 148) zugewiesen wird. Auch dann entsteht durch die Aufnahme ein privatrechtliches Vertragsverhältnis mit dieser (**BGH** 4, 138; 9, 45; 23, 227), liegt die ärztliche Behandlung außerhalb der öffentlichen Fürsorgetätigkeit, beschränkt diese sich vielmehr auf die Verschaffung der Krankenhilfe durch einen Dritten, ähnlich wie bei § 617. Hat aber die Krankenkasse oder die zur Fürsorge verpflichtete Körperschaft zur Durchführung ihrer öffentlichen Aufgaben eigene Einrichtungen geschaffen, wozu sie zwar nicht verpflichtet, aber berechtigt ist (vgl. § 27a II RVO; § 4 RJWG), z. B. Alters- und Siechenheime, Entbindungs- und Wöchnerinnenheime, Säuglings- und Kinderheime, auch Krankenanstalten, nimmt sie die Hilfsbedürftigen in diese auf und läßt sie die erforderlichen Fürsorgemaßnahmen (Unterkunft, Verpflegung, ärztliche Behandlung und Pflege) unmittelbar durch ihre Beamten und Angestellten wahrnehmen, so umfaßt die öffentliche Fürsorge auch diese Durchführungshandlungen, nicht bloß die Einweisung in die Anstalt. Die Pflegerinnen und Ärzte erfüllen die der öffentlichen Körperschaft obliegenden fürsorgerischen Aufgaben, sind i. S. des Art. 34 GG mit der Erfüllung dieser Aufgaben, d. h. mit einem öffentlichen Amte betraut. Für ihre schuldhaften Versehen haftet deshalb allein die öffentliche Körperschaft nach Art. 34 GG i. V. mit § 839 BGB; also auch für Schmerzensgeld; für eine Anwendung des privatrechtlichen Grundsatzes des § 278 BGB ist daneben kein Raum. Anders z. T. die bisherige Rechtsprechung des **RG** u. **BGH** (vgl. **BGH** 4, 139 mit Nachweisen) die die beiden Möglichkeiten der fürsorgerischen Betätigung nicht immer scharf auseinanderhält. Auch ist das Bestehen eines Unterordnungsverhältnisses nicht mehr Voraussetzung jeder Staatshaftung. Entgegen Art. 131 WeimVerf. und den früheren Staatshaftungsgesetzen fehlen in Art. 34 GG die Worte „in Ausübung öffentlicher Gewalt", offensichtlich, weil neben die auf einem Unterordnungsverhältnis beruhende staatliche Tätigkeit, die Ausübung hoheitlicher Befugnisse in immer größerem Umfange die schützende und fürsorgende Tätigkeit des Staates getreten ist. Namentlich die letztere folgt aber nicht aus dem Unterordnungsverhältnis des einzelnen zum Staat, sondern aus der sozialen Pflicht der Gemeinschaft gegenüber den einzelnen Mitgliedern (vgl. Art. 6 IV GG Mütterschutz und ähnliche Bestimmungen in den Länderverfassungen hinsichtlich der Jugend z. B. Bayern Art. 126 III, Rheinland-Pfalz Art. 25 II). Da nur die Ausübung eines anvertrauten öffentlichen Amtes gefordert wird, werden

also alle drei Aufgabengebiete des Staates selbständig nebeneinander erfaßt und bedarf es nicht einer Einreihung der fürsorgerischen Tätigkeit unter den Begriff der öffentlichen Gewalt, wie es nach dem früheren Wortlaut der Haftungsbestimmungen notwendig war. Es genügt, daß eine mit der Erfüllung einer dieser Aufgaben amtlich betraute Person durch nicht volle Erfüllung der ihr obliegenden Pflicht einem Dritten schuldhaft Schaden zufügt, um die Haftung aus Art. 34 GG zu begründen (vgl. Denecke JR 1953, 40). Soweit die Staatshaftung nicht gegeben ist, hat der Kranke, falls die Voraussetzungen des § 823 (s. Anm. 53) vorhanden sind, auch gegen den behandelnden Arzt einen unmittelbaren Schadensersatzanspruch, insbesondere auf Schmerzensgeld, für letzteren haftet auch die Krankenanstalt gemäß §§ 31, 89 BGB, also unbeschränkt, wenn der behandelnde Arzt ihr verfassungsmäßiger Vertreter ist oder von diesem die Aufsichtspflicht verletzt ist, für das übrige Krankenhauspersonal mit der Entlastungsmöglichkeit aus § 831 (vgl. § 89 Anm. 8; **BGH** 5, 321). Im Innenverhältnis hat jedoch die Krankenanstalt in beiden Fällen den Schaden zu tragen, falls nicht dem Krankenhauspersonal eine grobe Fahrlässigkeit zur Last fällt, sie hat deshalb ihre Angestellten von solchen Ansprüchen zu befreien (vgl. Anm. 17ff.). Haftung des Krankenhauseigentümers für die Folgen des von einem Kranken infolge seines krankhaften Zustandes begangenen Selbstmordversuches s. **RG** JW 1938, 1276[12]. Sorgfaltspflicht der Krankenkassen in bezug auf ihre Einrichtungen für Heißluft- und Bestrahlungsbehandlung s. **RG** SeuffArch 90 Nr. 85. Durch die Aufnahme und Behandlung im Krankenhaus wird eine vertragliche Pflicht der Fürsorge für den Kranken nicht ohne weiteres auch gegenüber seinen Angehörigen begründet; es entsteht dadurch keine vertragliche Haftung für Unfälle von Angehörigen im Krankenhaus (**BGH** 2, 94), doch kann ein entsprechender Vertragsinhalt nach den Umständen im Wege der Auslegung festgestellt werden (**RG** JW 1937, 926[4]). Über Ansprüche eines Kindes, dessen Mutter vor seiner Erzeugung durch Übertragung mit Lues verseuchten Blutes angesteckt war **BGH** 8, 243.

Über die Stellung von Chefärzten, denen Behandlung von Patienten in der Krankenanstalt gegen besondere Gebühren gestattet ist, gegenüber den Patienten wie der Krankenanstalt vgl. **BGH** 7, 12—16.

Anm. 59

6. Das **Kassenarztrecht** ist durch Gesetz v. 17. 8. 1955 (BGBl. I 573) neu geregelt. Demnach steht der Kassenarzt weder zu einer Krankenkasse oder einem Krankenkassenverband noch zu der kassenärztlichen Vereinigung in einem Dienst- oder Arbeitsverhältnis, er ist vielmehr nur Mitglied der kassenärztlichen Vereinigung. Seine Tätigkeit dient der kassenärztlichen Versorgung der Sozialversicherten, er übt sie als öffentlichrechtliche Aufgabe im Rahmen seines ärztlichen Berufes aus (**BSG** AP Nr. 4, 5 zu § 12 GG) und ist an keine Weisungen gebunden. Die Vergütung für seine Tätigkeit erhält er nicht von der Krankenkasse, sondern von der kassenärztlichen Vereinigung, aus der von der Krankenkasse an diese gezahlte Gesamtvergütung, die sich nach den zwischen den Verband der Krankenkassen und der kassenärztlichen Vereinigung geschlossenen Gesamtverträgen bemißt. Die Zulassung erfolgt nach einem im Gesetz genau geregelten Zulassungsverfahren durch unparteiische Zulassungsausschüsse und Berufungsausschüsse, gegen deren Entscheidungen Klage vor den Sozialgerichten zulässig ist. Diese haben auch über Streitigkeiten wegen der Höhe der Vergütungen zu entscheiden. Für Schadensersatzansprüche der Patienten aus Fehlern in der Behandlung sind dagegen nach wie vor die ordentlichen Gerichte zuständig. Über Ansprüche von zur Kassenpraxis nicht zugelassenen Ärzten und Krankenhäusern bei Notbehandlungen s. **BGH** 23, 227.

Über die Frage, ob und wann die jungen Ärzte während der Pflichtassistentenzeit in einem Volontärverhältnis stehen oder Assistenzärzte i. S. der tariflichen Bestimmungen sind vgl. **BAG** 1, 217; 4, 121; AP § 611 Arzt Nr. 4—7.

Anm. 60

7. Über **Zahnärzte und Dentisten** vgl. Gesetz über die Zahnheilkunde v. 31. 3. 1952 (BGBl. I 221), das nur eine Bestallung als Zahnarzt kennt, akademische Zahnärzte und Dentisten völlig gleich behandelt. Beide handeln fahrlässig, wenn sie bei der Verwendung von Kleinstinstrumenten die von der Wissenschaft für erforderlich gehaltenen und ausgebildeten Sicherheitsmaßnahmen unterlassen, selbst wenn diese wegen der für den Patienten damit verbundenen Unbequemlichkeit und des Zeitverlustes üblicherweise nicht angewendet werden (**BGH** 8, 138). — Für **Tierärzte** s. Reichstierärzteordnung v. 3. 4. 1936 (RGBl. I, 347); für **Apotheker** s. Reichsapothekerordnung v. 18. 4. 1937 (RGBl. I 457; 128) und **BGH** 7, 12.

D. Rechtsanwälte

Anm. 61

1. Die **Berufsstellung** der Rechtsanwälte wird weitgehend vom öffentlichen Rechte beeinflußt. Ihre Beziehungen zu den ihren Beistand in Anspruch nehmenden Personen werden zwar, soweit nicht die öffentlich-rechtlichen Grundsäze eingreifen, durch das Vertragsrecht des BGB bestimmt. Überall ist aber auch in diesem Zusammenhange zu beachten, daß der Beruf des Rechtsanwalts als eines verantwortlichen Gliedes der staatlichen Rechtspflege kein Gewerbe ist. Wenn seine Tätigkeit auch dem Erwerbe dient, so tritt doch ähnlich wie beim Arzte „nicht sowohl die Ausübung des wirtschaftlichen Erwerbs als vielmehr die Betätigung geistiger Kräfte im Dienste des Gemeinwohls" in den Vordergrund (vgl. **RG** 66, 150; 75, 105) oder wie es im Vorspruch zur **Reichsrechtsanwaltsordnung vom 21. Februar 1936** (RGBl. I, 107) die in den Ländern hinsichtlich der Zulassung, Ehrengerichtsbarkeit, Anwaltskammer i. S. des Zustandes vor 1935—37 neu gefaßt sind (vgl. Lanz, Das Anwaltsrecht in den Ländern des Bundesgebietes u. Arndt JR 1953, 46) heißt, der Beruf des Rechtsanwalts ist „kein Gewerbe, sondern Dienst am Recht". Von dieser Wertung des Anwaltsberufes aus kann auch eine Anwaltspraxis in der Regel nicht Gegenstand des rechtsgeschäftlichen Verkehrs sein. Die entgeltliche Überlassung einer Anwaltspraxis ist vielmehr regelmäßig sittenwidrig und gemäß § 138 nichtig. Immerhin sind Ausnahmefälle unter besonderen Umständen, z. B. beim Tode eines Rechtsanwalts eine Überlassung durch die Witwe (vgl. **RG** 153, 280; 161, 155) denkbar. Doch muß hier in jedem Falle der Aufgabe des Rechtsanwalts, Diener am Recht zu sein, Rechnung getragen, insbesondere vermieden werden, ihm schwere wirtschaftliche Lasten aufzuerlegen, die ihn nötigen, seinen Beruf als reine Gelderwerbsquelle auszunutzen. Die öffentlich-rechtliche Stellung der Rechtsanwälte tritt in den Vorschriften der Reichsrechtsanwaltsordnung (Zulassung §§ 15ff., Rechte und Pflichten §§ 31ff., ehrengerichtliches Verfahren §§ 64ff., Rechtsanwaltschaft beim Bundesgerichtshof §§ 106ff.) und der Prozeßordnungen überall hervor. Über die Schweigepflicht Flor JR 1953, 308.

Insoweit aber der Rechtsanwalt als Rechtsbeistand zugezogen wird, liegt ein Vertragsverhältnis des bürgerlichen Rechtes vor, dem in der Regel ein Dienstvertrag, der eine Geschäftsbesorgung zum Gegenstande hat (**RG** 162, 171; §§ 611, 675, s. auch § 675 Anm. 1), und nur ausnahmsweise, wenn nicht die Arbeit des Anwalts, sondern ein durch sie herbeizuführender Erfolg (§ 631 Abs. 2), z. B. die Erstattung eines Gutachtens, den Gegenstand seiner Verpflichtung bildet, ein Werkvertrag zugrunde liegt (**RG** 75, 105; 88, 223; 110, 139). Auch die Anfertigung eines Vertrags durch einen Rechtsanwalt bildet nur unter besonderen Umständen (**RG** JW 1914, 642[4]) den Gegenstand eines Werkvertrags (**RG** 88, 223). Ein Auskunfts- oder Beratungsvertrag kann auch stillschweigend zustande kommen (**RG** WarnRspr. 1930 Nr. 211). Kündigung des Dienstverhältnisses durch den Rechtsanwalt wegen Nichtzahlung eines Vorschusses s. **RG** WarnRspr 1926 Nr. 165. Über das Verhältnis des Rechtsanwalts zu seinem Auftraggeber als Treueverhältnis mit weitgehender Selbständigkeit s. **RG** 113, 264 (269); § 654 Anm. 1; über Verjährung der Gebührenansprüche nach § 37 RAO **RG** 163, 9.

2. Haftpflicht

Anm. 62

a) Allgemeines. Eine Haftpflicht des Rechtsanwalts aus Verletzung seiner vertragsmäßigen Verbindlichkeiten ist von der Rechtsprechung in folgenden Fällen angenommen worden, bei nicht ausreichender Sorgfalt, die auf die Grundbucheinsicht zu verwenden war (**RG** WarnRspr 1912 Nr. 246), bei Nichtbelehrung über die

Gefahren, die mit der Unterlassung der Benachrichtigung des Grundstückseigentümers von der Abtretung einer Hypothekenforderung verbunden sind (**RG** JW 1921, 336[6]), bei mangelhafter Beratung über die Rechtsgültigkeit eines Grundstücksgeschäfts (**RG** JW 1931, 2014[1]), bei unterlassener Fürsorge für die Aufnahme eines im Zwangsversteigerungstermin abgegebenen Gebots in das Protokoll (**RG** 11. 12. 1908), bei Übersehen des Sicherheitsverlangens eines Beteiligten (**RG** JW 1915, 654[6]) und bei unterlassener Berechnung der der Hypothek des Auftraggebers vorgehenden Ansprüche im Zwangsversteigerungstermin (**RG** WarnRspr 1916 Nr. 247), ferner bei Beschaffung und Benutzung eines ungültigen Wechselprotests (**RG** 20. 2. 1906 III 295/05), bei Verzögerung einer an sich begründeten Klagestellung bis nach Ablauf der dafür bestehenden Verjährungsfrist und bei schuldhafter Herbeiführung der Verjährung durch Nichtbetrieb eines anhängigen Rechtsstreits (**RG** WarnRspr 1912 Nr. 371; **RG** JW 1914, 771[16]). Ferner wegen Vereitelung von Schadensersatzansprüchen durch Erhebung der Wandlungsklage (**RG** WarnRspr 1915 Nr. 139), wegen falscher Fassung des Klageantrags bei Auseinandersetzung von Gesellschaften einer offenen Handelsgesellschaft (JW 1917, 979[3]), wegen mangelhafter Fassung einer Anmeldung zum Handelsregister (**RG** JW 1915, 509[8]), wegen der Empfehlung eines unzulässigen Selbsthilfeverkaufs (**RG** JW 1921, 893[3]), wegen Nichtbelehrung oder irriger Belehrung über die Ausschließung der Haftung für die Schulden eines mit der Firma übernommenen Handelsgeschäfts nach HGB § 25 Abs. 2 (**RG** JW 1916, 1275[5]; **RG** LZ 1916, 1239[9]), wegen unterlassener Belehrung über die außergewöhnliche Höhe der aus der Ausführung eines Auftrags zu erwartenden Kosten (**RG** 118, 365; **RG** JW 1919, 446[7]), wegen mangelhafter Begründung und verspäteter Einreichung eines Armenrechtsgesuchs (**RG** JW 1931, 1789[2]); wegen Entwerfung eines sittenwidrigen Sicherungsübereignungsvertrags (**RG** WarnRspr 1931 Nr. 155), wegen mangelhaften Schutzes der Konkursmasse, deren Interesse er als Prozeßbevollmächtigter des Konkursverwalters zu vertreten hat, gegen die Vollstreckung eines eine Konkursforderung betreffenden Urteils (RG WarnRspr 1933 Nr. 167), wegen mangelhaften Schutzes des Auftraggebers vor einer Gebührenpflicht gegenüber dem von einem anderen Beteiligten angegangenen Notar s. **RG** WarnRspr 1935 Nr. 140. Über die Verpflichtung des vom Gericht beigeordneten Armenanwalts, unter Umständen auch ohne Auftrag der Partei in deren Interesse tätig zu werden, s. **RG** 115, 60; vgl. auch **RG** JW 1932, 2144[3]. Haftung des Armenanwalts erster Instanz, der mit seiner Partei über die Einlegung der Berufung verhandelt hat, für die Versäumung der Rechtsmittelfrist s. **RG** 118, 126. Der mit der Führung eines Rechtsstreits beauftragte Rechtsanwalt darf von der Geltendmachung eines seiner Partei zustehenden rechtlichen Einwandes, z. B. auch der Unklagbarkeit von Börsentermingeschäften, nicht absehen, ohne die Partei auf die Möglichkeit des Einwandes hingewiesen zu haben (**RG** 139, 358). Für eigenmächtiges Abweichen von Anweisungen des Auftraggebers gilt gemäß § 675 die Vorschrift des § 665 (**RG** HRR 1931 Nr. 405). Bei der Entgegennahme von Beweisangeboten kann sich der Rechtsanwalt mit der Benennung von Zeugen durch die Partei begnügen und braucht sich nicht etwa durch eine (an sich schon bedenkliche, **RG** 140, 397f.) Befragung der Zeugen von deren Glaubwürdigkeit zu überzeugen. Der Berufungsanwalt hat sich innerhalb angemessener Frist mit dem Prozeßstoff bekanntzumachen und ihn selbständig darauf hin zu prüfen, ob und welche prozessualen Maßnahmen zur Wahrnehmung der Interessen seiner Partei, z. B. auch zur Unterbrechung der Verjährung des noch nicht rechtshängigen Teiles einer Schadensersatzforderung erforderlich sind; Verschulden des erstinstanzlichen Anwalts entlastet ihn nicht, begründet vielmehr nur eine Gesamthaftung beider Anwälte (**RG** 115, 185). Er kann dem geschädigten Auftraggeber auch ein Verschulden seines Verkehrsanwalts insoweit nicht entgegenhalten, als dieser nicht Erfüllungsgehilfe des Auftraggebers in seinem Verhältnis zum Berufungsanwalt ist (**RG** 140, 1). Verpflichtung des Berufungsanwalts die Begründungsfrist auch während eines schwebenden Armenrechtsverfahrens zu überwachen **BGH** 7, 281. Zu den Pflichten des erstinstanzlichen Prozeßbevollmächtigten, der in der Berufungsinstanz als Verkehrsanwalt tätig ist, s. **RG** 152, 330. Der Revisionsanwalt ist für den Gang des Revisionsverfahrens, soweit dieser von ihm abhängt, verantwortlich; für eine unrichtige sachlich-rechtliche Behandlung kann er nicht schadensersatzpflichtig gemacht werden, weil zwischen sein Verhalten und einen seiner Partei entstehenden Schaden, den Ursachenzusammenhang im Rechtssinne unterbrechend, die Entschließung des Revisionsgerichts tritt (**RG** 142, 394). Die Übernahme der Vertretung im Zwangsversteigerungsverfahren begründet nicht ohne weiteres die Pflicht, dafür zu sorgen, daß der Auftraggeber eine möglichst geringe Wertzuwachssteuer zu bezahlen hat (**RG** JW 1917, 967[4]). Über die Ausführung des Zwangsvollstreckungsauftrags, das Girokonto eines Schuldners des Auftraggebers „sperren zu lassen", s. **RG** LZ 1915, 521[9]. Haftung des Rechtsanwalts für die Entwendung von Akten, die einem Beteiligten zur Einsicht vorgelegt worden sind, s. **RG** LZ 1916, 1022[9] Vorteilsausgleichung, wenn der durch die Schuld des Rechtsanwalts ausgefallene Hypothekengläubiger das Grundstück mit Gewinn ersteht, s. **RG** 84, 386. Gibt der Auftraggeber nicht unzweideutig zu erkennen, daß er des Rates nur in einer bestimmten Richtung bedürfe, dann ist ihm eine allgemeine, möglichst erschöpfende Belehrung zu geben, die sich auch auf die Gefahren eines beabsichtigten Rechtsgeschäfts und dagegen mögliche Vorsichtsmaßregeln zu erstrecken hat (**RG** JW 1921, 336[6]; 1928, 1134[1]; 1932, 2854[1]; 1934, 1042[2]; **RG** HRR 1935 Nr. 578). Auch Steuer- und Wirtschaftsfragen sind bei der Beratung zu berücksichtigen (**RG** JW 1932, 2585[2]).

Anm. 63

b) Ursächlichkeit. Hat der Rechtsanwalt durch sein Verhalten in einem Rechtsstreite, z. B. durch Nichteinlegung eines Rechtsmittels oder durch einen Verzicht, die Interessen seines Auftraggebers verletzt, so ist für die Frage, ob dadurch ein Schaden entstanden ist, nicht maßgebend, wie das Gericht jenes Rechtsstreits ohne das Verhalten des Rechtsanwalts entschieden haben würde, sondern wie es bei richtiger Beurteilung, also nach der Ansicht des über den Schadensersatzanspruch erkennenden Gerichts, hätte entscheiden müssen (**RG** 91, 164; 117, 293; 139, 358; **BGH** NJW 1956, 140). Konnte ein erstinstanzliches Urteil sogleich vollstreckt werden, weil die Berufung nicht ordnungsmäßig eingelegt war, war die Berufung aber zugleich aussichtslos, so liegt kein Schaden im Rechtssinne vor (**RG** 162, 65). Über den ursächlichen Zusammenhang zwischen falscher Beratung im Zwangsversteigerungstermin und Ausfall der Forderung des beratenen Gläubigers s. **RG** HRR 1936 Nr. 252. Über eine Unterbrechung des Ursachenzusammenhanges zwischen einem schuldhaften Verhalten des Revisionsanwalts und der Entscheidung des Revisionsgerichts durch dessen Entschließung s. die schon oben erwähnte Entscheidung **RG** 142, 394. Wer einen Rechtsanwalt wegen fehlerhafter Beratung haftbar machen will, muß den ganzen, diesem unterbreiteten Sachverhalt darlegen, auch Behauptungen des Gegners widerlegen (**RG** 20. 6. 1933 6/33). Über die Beweislast bezüglich des ursächlichen Zusammenhangs s. **RG** WarnRspr 1916 Nr. 135, 1913 Nr. 413; **RG** LZ 1914, 1897. Hat der Rechtsanwalt durch Verletzung seiner Vertragspflicht eine Ursache der Schädigung seines Auftraggebers gesetzt, so wird die Ursächlichkeit seines Versehens nicht dadurch beseitigt, daß der Richter nachher gleichfalls ein Versehen begeht, ohne das der Rechtsanwalt sein eigenes Versehen entdeckt und den Schaden noch verhindert haben würde (**RG** 13. 11. 1931 III 32/31). Anwalt als Erfüllungsgehilfe der Partei, wenn diese nach § 839 III, § 254 II oder Vertrag zur Schadensabwendung verpflichtet ist **RG** 163, 124; 167, 76.

Anm. 64

c) Umfang der Prüfungspflicht. Der Rechtsanwalt muß und kann bei Wahrnehmung der Interessen seines Auftraggebers nach sorgfältiger Prüfung sich selbst eine Rechtsanschauung bilden und braucht nicht jeder abweichenden Meinung Rechnung zu tragen; wohl aber muß er allgemein anerkannte Ergebnisse der Rechtslehre sowie die oberstrichterliche Rechtsprechung berücksichtigten (**RG** 87, 183, dazu 89, 426; auch **RG** HRR 1936 Nr. 330). Er darf nicht zu einem weniger günstigen Vergleich raten, wenn nach Schrifttum und Rechtsprechung begründete Aussicht auf Erzielung eines günstigen Ergebnisses besteht (**RG** JW 1932, 2856[3]). Kein Verschulden des Rechtsanwalts, wenn er einer vom Reichsgericht oder Bundesgerichtshof gebilligten, wenn auch von Schriftstellern bekämpften Ansicht folgt; er braucht auch nicht mit einer Änderung der Rechtsprechung zu rechnen (**RG** JW 1915, 1259[3]; 1937, 1633[4]). Kein Verschulden des Rechtsanwalts, wenn er nach pflichtgemäßer Überlegung der Ansicht eines anerkannten Erläuterungswerkes folgt (**RG** JW 1934, 2763[3]), oder sich auf ein Gutachten verläßt, das sich nachträglich als falsch herausstellt (**RG** 159, 109). Bei Ansprüchen aus § 839 muß der Rechtsanwalt insbesondere prüfen und auch während des Rechtsstreits im Auge behalten, ob nicht ein der Klage entgegenstehender Ersatzanspruch des Klägers gegen Dritte (§ 839 Abs. 1 Satz 2), gegebenenfalls auch gegen ihn selbst, besteht (**RG** 158, 130). Der Rechtsanwalt muß aber Zweifel und Bedenken, zu denen die Sachlage Anlaß gibt, darlegen und darf nicht die Gefahr einer ungünstigen gerichtlichen Entscheidung dem Auftraggeber aufbürden (**RG** LZ 1916, 1006[7]). Von mehreren möglichen Maßnahmen muß er diejenige wählen, die sicherer und zweifelsfrei ist (**RG** 152, 330 [344]), auch wenn für andere, zweifelhaftere sich angesehene Rechtslehrer aussprechen (**RG** JW 1921, 893[3]), und er muß auch die Möglichkeit einer unrichtigen Beurteilung der Rechtslage durch die zur Entscheidung berufene Stelle berücksichtigen und seine Maßnahmen im Rahmen des Möglichen so treffen, daß sein Auftraggeber auch in solchem Falle keinen Schaden erleidet (**RG** 151, 259; **RG** JW 1937, 1633[4]). Vor einer Abweichung von bestimmten Anweisungen hat der Rechtsanwalt dem Auftraggeber Anzeige zu machen und seine Entschließung abzuwarten, wenn nicht mit dem Aufschub Gefahr verbunden ist (§§ 675, 665 Satz 2; dazu **RG** WarnRspr 1930 Nr. 34). Unkenntnis der Sonderentwicklung eines einzelnen deutschen Landes ist nicht immer schuldhaft (**RG** JW 1932, 2856[4]). Über Behandlung von Fristsachen s. auch **RG** 96, 322; 158, 195. Über die Sorgfaltspflicht des Rechtsanwalts gegenüber Versehen, die nicht ihm, sondern dem Gericht zur Last fallen, Prüfungspflicht gegenüber gerichtlichen Verfügungen, Beachtung bekanntgewordener Unregelmäßigkeiten, s., insbesondere im Zwangsversteigerungsverfahren, **RG** JW 1936, 2708[7], dazu Holstein JW 1938, 143[10].

Anm. 65

d) Der Rechtsanwalt haftet für seine **Gehilfen** und für seinen amtlich bestellten Gesamtvertreter (RRAO § 29) nach § 278 (**RG** 163, 377). Haftung für betrügerische Mitteilungen des Bürovorstehers **RG** 101, 248, für Unterschlagungen des Kanzleivorstandes JW 1920, 397[9], für Rechtsauskünfte, die der Bürovorsteher mit Wissen und Willen des Rechtsanwalts erteilt, **RG** JW 1932, 641[1]. Über die Haftung mehrerer Anwälte, die nacheinander von der Partei um Rat und Betreuung ersucht worden sind, **RG** 167, 76. Rechtsanwälte, die sich zur **gemeinschaftlichen Ausübung des Anwaltsberufs** verbunden haben, haften als Gesamtschuldner für den Schaden, den einer von ihnen in seiner Eigenschaft als Rechtsanwalt (**RG** HRR 1928 Nr. 950) dem Auftraggeber schuldhaft verursacht, wenn dieser, was im Zweifel anzunehmen ist, sie sämtlich mit der Wahrnehmung seiner Rechte betraut hat (**RG** 85, 306; JW 1916, 519[7]; 1917, 304[7]; 1936, 803[14]). Das gilt aber nur bei Handlungen, die sich innerhalb der Grenzen des Anwaltsberufs bewegen, nicht z. B. für eine Auskunft über wirtschaftliche Verhältnisse behufs Entschließung über die Gewährung eines Darlehns (**RG** 88, 342; **RG** JW 1936, 803[14]). Eine nur büromäßige Verbindung mehrerer Rechtsanwälte begründet, auch wenn sie nach außen als Anwaltssozietät erscheint, eine gesamtschuldnerische Schadenshaftung des einen für den anderen dann nicht, wenn der Auftrag nur einem von ihnen erteilt und, wie etwa bei der Bestellung als Treuhänder, ersichtlich an dessen Person geknüpft ist (**RG** 20. 12. 1935 V 49/35).

Anm. 66

e) Mitwirkendes Verschulden des Auftraggebers kann die Ersatzpflicht des Rechtsanwalts nach § 254 beschränken. Wenn aber der Anwalt infolge ungeschickten oder säumigen Verhaltens des Auftraggebers Veranlassung hat, sein bisheriges Vorgehen zu ändern und rasch einen andern, gesetzlich gewiesenen Weg zu beschreiten, und er unterläßt dies, so trifft grundsätzlich nur ihn die Schuld für diese Versäumung (**RG** WarnRspr 1926 Nr. 212). Der Auftraggeber, der gegenüber einem Vertragsgegner sittenwidrig und arglistig gehandelt hat, kann den Schaden, der ihm durch das Fehlschlagen dieses Handelns entstanden ist, in der Regel nicht auf seinen nur fahrlässig handelnden Anwalt abwälzen; der Anwalt ist ihm solchenfalls nicht oder doch nur unter besonderen Umständen schadensersatzpflichtig (**RG** 130, 1 [6]; **RG** JW 1935,

2491[3]; 1937, 35[17]; **RG** HRR 1936 Nr. 330). Hat aber der Anwalt selbst den Auftraggeber zu seinem arglistigen und sittenwidrigen Vorgehen angestiftet, dann besteht kein Anlaß ihn von jeder Haftung freizugeben; es kann höchstens eine Abwägung wegen mitwirkenden Verschuldens des Auftraggebers nach § 254 in Frage kommen (**RG** SeuffArch. 89 Nr. 142).

Anm. 67

f) Zur Verteilung der **Beweislast:** Der Auftraggeber muß den Auftrag als solchen und seinen gesamten Inhalt beweisen; so auch vor allem dem Tatbestand, den er dem ihn beratenden Rechtsanwalt unterbreitet hatte (**RG** HRR 1933 Nr. 1746). — Über die Verjährung von Schadensersatzansprüchen s. RAO § 32a und **RG** 88, 223; 90, 82; 158, 130; **RG** JW 1933, 508[2]; LZ 1916, 1188; WarnRspr 1918 Nr. 75. — Vertragsverhältnis des Rechtsanwalts zu anderen Beteiligten, insbesondere auch zu dem Vertragsgegner der von ihm vertretenen Partei, s. **RG** 52, 365; 129, 109; **RG** JW 1927, 1145[7]; 1928, 1134[1]; **RG** WarnRspr 1933 Nr. 38; **RG** HRR 1933 Nr. 1744. Anwaltsdienstvertrag (nicht Bürgschaft), wenn jemand im eigenen Interesse für sich einen Rechtsanwalt zugunsten eines (unbemittelten) Dritten mit der Vertretung dieses Dritten beauftragt, s. **RG** JW 1938, 2410[13]. Zur Frage, inwieweit ein Rechtsanwalt bei Wahrnehmung des Rechts seines Vollmachtgebers auf die Interessen des Gegners Rücksicht zu nehmen verpflichtet ist, s. **RG** 124, 104.

Anm. 68

3. Ein Abkommen zwischen dem Rechtsanwalt und seinem Auftraggeber über die Höhe der **Vergütung** verliert nicht ohne weiteres seine Wirksamkeit mit dem Inkrafttreten einer Gebührenordnung, die den Rechtsanwalt besser stellen würde; die Bedeutung eines solchen Abkommens muß vielmehr nach den Umständen des Falles und dem ausdrücklich oder stillschweigend erklärten Willen der Vertragsteile festgestellt werden (**RG** 114, 336; **RG** WarnRspr 1927 Nr. 27). Über Honorarvereinbarungen, Herabsetzung übermäßig hoher Vergütungen und Verwirkung von Rückforderungsansprüchen wegen solchen Übermaßes s. **RG** 145, 217; 158, 100; **RG** JW 1928, 2781[1]; 1930, 628[56]; 1938, 2041[37], **RG** HRR 1935 Nr. 725. Über Nichtigkeit der Vereinbarung übermäßig hoher Vergütungen **RG** 83, 109; 98, 74; **RG** 142, 70; 158, 110; vgl. jetzt § 3 der RAGebO von 1957, wonach das Gericht unter Umständen ein angemessenes Honorar festsetzen kann. Über vormundschaftliche Genehmigung s. **RG** 158, 210. Schadensersatzpflicht des Rechtsanwalts, der seinem Auftraggeber schuldhaft eine zu hohe Gebührenrechnung übersendet und auf Beanstandung erklärt, die Gebühren seien richtig berechnet, s. **RG** 130, 101. Verwirkung des Gebührenanspruchs durch mißbräuchliche Ausübung des Zurückbehaltungsrechts an den Handakten s. **RG** 113, 264. Gebühren eines deutschen Rechtsanwalts, der für seinen inländischen Auftraggeber Rechtsangelegenheiten im Ausland besorgt s. **RG** 1491, 121. Vergütungsansprüche eines ausländischen Rechtsanwalts **RG** 151, 193, **BGH** 22, 162.

E. Notare

Anm. 69

1. Öffentlich-rechtliche Stellung und Pflichten

Das Recht des Notars ist jetzt einheitlich und erschöpfend in der Reichsnotarordnung v. 13. Februar 1937 (RGBl. I 191) geregelt. Sie ist nur für Rheinland Pfalz durch eine Landesnotarordnung vom 3. 9. 1949 (GVOBl. 391) ersetzt worden, in anderen Ländern nur hinsichtlich der Zuständigkeit z. T. geändert worden. Das bei Inkrafttreten des Bonner Grundgesetz bestehende Recht gilt gemäß Art. 125 i. V. in Art. 74 Z 1 als Bundesrecht weiter fort. Der Notar, als Rechtswahrer auf dem Gebiet vorsorgender Rechtspflege, insbesondere zur Beurkundung von Rechtsvorgängen bestellt und auf den Bezug von Gebühren für seine Tätigkeit (§ 18) angewiesen, ist danach (unbeschadet der abweichenden Regelung für einzelne Bezirke (vgl. §§ 84ff.; für Bayern VO des RJM v. 2. 7. 1937 DJ 1028) nicht Beamter im Sinne des Deutschen Beamtengesetzes, aber Träger eines öffentlichen Amts, er steht nicht in einem Dienstverhältnis, sondern nur in einem Treuverhältnis zum Staat (§§ 1, 2, 14). Seine amtliche Zuständigkeit ist in den §§ 22ff. näher bestimmt. Nach § 25 sind die Notare auch zuständig, Geld, Wertpapiere und Kostbarkeiten, die ihnen von den Beteiligten übergeben sind, zur Aufbewahrung oder zur Ablieferung an Dritte zu übernehmen. Zum Amt des Notars gehört neben sonstiger Rechtsbetreuung insbesondere die Anfertigung von Urkundenentwürfen und die Beratung sowie, unbeschadet sonstiger Beschränkungen, auch die Vertretung der Beteiligten (§ 26 Abs. 1). Über die Prüfungs- und Belehrungspflichten des Notars bei der Beurkundung s. Dienstordnung v. 5. 6. 1937 DJ 1937, 874 §§ 30ff. Nimmt der Notar, der zugleich Rechtsanwalt ist, Handlungen der in § 26 Abs. 1 bezeichneten Art vor, so ist anzunehmen, daß er als Notar tätig geworden ist, wenn es sich dabei um die Vorbereitung oder Ausführung der ihm in den §§ 22—25 zugewiesenen Amtsgeschäfte handelt; im übrigen ist im Zweifel anzunehmen, daß er als Rechtsanwalt tätig geworden ist (§ 26 Abs. 2). Über die Rücknahme von Anträgen, die der Notar im Namen der Beteiligten beim Grundbuchamt oder bei den Registerbehörden zu stellen kraft Gesetzes ermächtigt ist, s. § 26 Abs. 3. Die Amtshaftung des Notars ist in § 21 Abs. 1 besonders geregelt. Verletzt der Notar vorsätzlich oder fahrlässig die ihm einem andren gegenüber obliegende Amtspflicht, so hat er diesem den daraus entstandenen Schaden zu ersetzen. Die Vorschriften über die Amtspflichtverletzungen von Beamten, die sie bei Ausübung der Rechtspflege begangen haben, gelten entsprechend. § 839 Abs. 1 Satz 2 BGB bleibt jedoch bei Amtsgeschäften der in den §§ 25, 26 bezeichneten Art (s. oben) im Verhältnis zwischen dem Notar und dem Auftraggeber außer Anwendung. Über die Amtshaftung des Notariatsassessors und des Notarvertreters s. § 21 Abs. 2, § 35; der Notar haftet nach diesen Vorschriften dem Geschädigten neben dem Vertreter stets, neben dem Assessor dann, wenn er ihm das Geschäft zur selbständigen Erledigung überlassen hatte, als Gesamtschuldner; im Verhältnis zum Notar sind Assessor und Vertreter allein verpflichtet. Für die Amtspflichtverletzung eines Notarverwesers (§ 40) haftet neben diesem die Notarkammer dem Geschädigten als Gesamtschuldner; im Verhältnis zwischen der Notarkammer und dem Notarverweser ist dieser allein verpflichtet, und dasselbe gilt, soweit der Notarverweser nach § 35 oder § 21 Abs. 2 für Amtspflichtverletzungen eines Vertreters oder Assessors haftet (AVO v. 26. 6. 1937, RGBl. I 663, § 7). Eine Staatshaftung kommt nicht in Frage, da der Notar nur auf den Bezug von Gebühren angewiesen ist (§ 5 des Gesetzes v. 22. 5. 1910, RGBl. 798), und nicht in einem Dienstverhältnis i. S. des Art. 34 GG steht **RG** 102, 172; **BGH** 9, 289.

Anm. 70

Nach § 28 sind dem Notar und seinen Angestellten Vermittlung von Darlehn und Grundstücken, wie die Übernahme von Bürgschaften und sonstige Gewährleistungen untersagt. Auch hat er die Mitwirkungen bei Beurkundungen von rechtlich unzulässigen, verbotenen oder strafbaren Geschäften abzulehnen (**RG** 85, 225; 87, 232; 101, 155).

2. Amtspflichten und Haftung

Anm. 71

a) Allgemeines. Nach der in den §§ 22—26 der RNotO gegebenen Umgrenzung der amtlichen Tätigkeit des Notars, namentlich der Einbeziehung der Rechtsbetreuung bleibt innerhalb dieser Tätigkeit für eine Vertragshaftung anstatt oder neben der Amtshaftung kein Raum. Sie kommt vielmehr nur in Frage, wenn der Notar außerhalb seiner notariellen Tätigkeit als Anwalt nach § 26 II oder bei der Durchführung des beurkundenden Vertrages beratend, überwachend oder bloß mitwirkend tätig ist (**RG** DJ 1933, 578; JW 35, 772; 37, 1707). Indessen darf wie sonst ein einheitlicher Lebensvorgang, eine einheitliche Tätigkeit nicht auseinandergerissen, d.h. eine Einzelhandlung als nicht amtlich betrachtet werden, so etwa eine Rechtsauskunft in Verbindung mit einer Beurkundung (**RG** 142, 184; 162, 29; JW 1930, 753). Bezüglich Rat und Auskunft über die Zuverlässigkeit und Zahlungsfähigkeit eines Kreditnehmers und Wert einer Sicherheit oder die Güte des Käufers als Gegenstand vertraglicher Bindung vgl. **RG** JW 1918, 90; WarnRspr 1920 Nr. 197; JW 1933, 510; HHR 1935 Nr. 1308.

Anm. 72

b) Amtspflichten bei Beurkundung. Bei Beurkundung eines Vertrages hat der Notar den wirklichen Willen des Beteiligten in klarer, gültiger Fassung und Form urkundlich festzulegen, der Urkunde den Inhalt zu geben, der dem Willen des Beteiligten und dem Zwecke der Urkundenerrichtung entspricht (**RG** 85, 413; 87, 232; 93, 68; WarnRspr 1937 Nr. 37). Dabei darf er sich aber nicht immer und ohne weiteres mit äußerlich einwandfreien Erklärungen der Beteiligten, selbst wenn diese geschäftsgewandt sind, begnügen, er muß vielmehr ihren wirklichen Willen erforschen und danach die Beurkundung vornehmen (**RG** 95, 301; JW 1936, 2535). Bei Zweifeln über die rechtliche Zulässigkeit und Rechtswirksamkeit dessen, was er beurkunden soll, hat er seine Bedenken den Vertragschließenden bekannt zu geben und von mehreren in Betracht kommenden Maßnahmen diejenige zu empfehlen, die sicherer und gefahrloser ist (**RG** 148, 321). Stehen z. B. der vom Verkäufer zu beurkundenden Löschung einer Hypothek Schwierigkeiten entgegen, dann muß er mit den Beteiligten die Möglichkeit einer Sicherung des Käufers erörtern, der bloße Hinweis, daß Schritte gegen den Hypothekar unternommen werden müßten, genügt nicht (**RG** JW 1936, 600).

Anm. 73

Bei **Beglaubigung** einer Unterschrift hat der Notar nach § 27 zu prüfen, ob Gründe bestehen seine Amtstätigkeit nach § 15 II, 17 zu versagen. Ist ohne weiteres, d. h. bei einer oberflächlichen Prüfung erkennbar, daß die Beglaubigung nicht genügt, sondern es einer notariellen Beurkundung zur Wirksamkeit des in der Urkunde enthaltenen Rechtsgeschäftes bedarf, so hat er gemäß seiner allgemeinen Betreuungspflicht darauf hinzuweisen (**RG** 146, 185). Zu einer weitergehenden Prüfung ist er nur auf Grund eines besonderen Auftrages verpflichtet, aus der Unterlassung einer weitergehenden Prüfung kann er sonst nicht verantwortlich gemacht werden.

Anm. 74

Über die Amtspflichten bei Erhebung von Wechselprotesten **RG** 91, 127, über Sorgfaltspflicht bei Auswahl einer Bank zur Hinterlegung anvertrauter Gelder **RG** JW 1933, 2899: Über Verpflichtung, sich über die Persönlichkeit der zur Aufnahme oder Beglaubigung einer Urkunde vor ihm Erschienenen sich zu vergewissern **RG** 78, 241; 81, 125; 124, 62; 156, 348; 156, 82; **BGH** LM Nr. 7 zu § 21 NotO Ausweis mit Lichtbild. Prüfung der Vollmachten **RG** JW 1934, 2394, Sorgfalt bei der Feststellung, daß Testamentszeugen nicht wegen Verwandtschaft ausgeschlossen sind **RG** JW 1933, 1308 vgl. auch § 839.

Anm. 75

3. Eine **Pflicht zur Belehrung** der Beteiligten kann sich für den Notar aus seiner Urkundstätigkeit selbst ergeben, sie kann auch aus der ihm obliegenden allgemeinen Betreuung auf dem Gebiete der vorsorgenden Rechtspflege (§ 26 I NotO) folgen, zwar nicht nur dann, wenn eine Frage — dem Notar erkennbar — für die Beteiligten von großer Bedeutung ist, sondern wenn besondere Umstände vermuten lassen, daß einem der Beteiligten wegen mangelnder Rechtskenntnis ein drohender Schaden oder die Bedeutung und die Tragweite seiner, äußerlich vielleicht nicht zu beanstandenden Erklärung nicht voll bewußt geworden ist (**RG** 110, 360; 130, 1; 148; 321; **BGH** LM Nr. 1 zu § 1 RNotO). Der Umfang der Belehrungspflicht des Notars läßt sich nicht allgemein bestimmen, sondern hängt weitgehend von den Umständen des Einzelfalles, insbesondere auch davon ab, ob er geschäftskundige Personen vor sich hat oder nicht (**RG** 142, 429; HHR 1930 Nr. 8, 588, JW 1933, 510; 1935, 1340; 1936, 648, 803). Über Pflicht zur Aufnahme einer Vollstreckungsklausel (**RG HHR** 1934 Nr. 323), Auflassungsvormerkung (**RG** JW 1928, 1862; HHR 1932 Nr. 1446; **BGH** BB 54, 142) Als Beteiligte, denen eine Belehrung zu erteilen ist, kommen in Betracht die Personen, deren Erklärung beurkundet werden soll, aber auch diejenigen deren Interessen durch das Amtsgeschäft berührt werden, insbesondere auch diejenigen die aus dem beurkundeten Geschäfte Rechte erwerben sollen (**RG** 153, 153; **BGH** 19, 9).

Anm. 76

Einzelfälle. Belehrung über die Gefahren der Auszahlung eines Darlehns vor Eintragung einer Hypothek s. **RG** 85, 337 (mitwirkendes Verschulden des Darlehnsgebers s. **RG** SeuffArch. 85 Nr. 73), der Auszahlung eines Kaufpreises vor Erteilung der vormundschaftsgerichtlichen Genehmigung **RG** JW 1922, 805[7], über § 1829 **BGB BGH** 19. 7; über Eintritt der Haftungsbeschränkung erst mit der Eintragung der GmbH **BGH** LM Nr. 2 zu § 21 RNotO, oder vor Beibringung der Löschungsquittung für eine nach dem Kaufvertrag zu löschende Hypothek **RG** WarnRspr. 1934 Nr. 121, oder sonst ohne (oder ohne genügende) Sicherung **RG** HHR 1934 Nr. 864, 1925, bei Sicherungsübereignungen s. **RG** JW 1934, 2841[1]; **RG** HRR 1935 Nr. 732. Belehrung über die wirtschaftlichen Gefahren eines Vertrags; **RG** 100, 284; 142, 424; 1921 S. 169[2], 237[8]; WarnRspr. 1937 Nr. 154, 155; **RG** HRR 1932 Nr. 1920. Steuer- und kostenrechtliche Auswirkungen des beurkundeten Rechtsgeschäfts, die kraft Gesetzes eintreten, muß der Notar nur dann erörtern, wenn eine Partei nach den Umständen erkennbar auf diese Auswirkungen besonderen Wert legt oder durch sie besondere Gefahr läuft (**RG** 142, 424; **RG** JW 1935, 1483[2]). Belehrung über zu entrichtende Grunderwerbs- und andere Steuern s. **RG** WarnRspr. 1929 Nr. 48 **BGH** 26. 353 DNZ 492, über die Gefahren einer Aushändigung des Hypothekenbriefs an den Gläubiger s. **RG** WarnRspr. 1931 Nr. 163. Über die Beweislast bei versäumter Belehrung s. **RG** JW 1933, 1056[2]; **RG** HRR 1934 Nr. 804.

Anm. 77

d) Zur **Einsicht des Grundbuchs** ist der Notar, vorbehaltlich besonderer Umstände (**RG** HRR 1935 Nr. 1013), nur im Falle eines dahin gehenden Vertrags verpflichtet (**RG** JW 1915, 1193[4]; 1919, 241[8]). Prüfung der Eintragungen durch den Notar, falls er Einsicht nimmt, s. **RG** HRR 1933 Nr. 1925, insbesondere bei neuen Grundbuchblättern, auf die ältere umgeschrieben sind, s. **RG** HRR 1935 Nr. 786. Prüfung der in einer Eintragung in bezug genommenen Eintragungsbewilligung s. **RG** HRR 1932 Nr. 1577; 1934 Nr. 805. Wenn der Notar das Grundbuch nicht einsieht, so muß er sich auf andere Weise Gewißheit über seinen Inhalt verschaffen, und wenn er hierüber nicht genügende Klarheit gewinnt, die Beteiligten mindestens darauf aufmerksam machen, daß die Beurkundung nur auf ihre Gefahr geschehen könne (**RG** JW 1930, 3306[2]; 1931, 2362[1], 2465[1]; **RG** WarnRspr. 1930 Nr. 213). Er hat auch die Amtspflicht, sich vor der Beurkundung eines Kaufvertrags über Grundstücke davon zu überzeugen, ob die Beteiligten, insbesondere der Käufer, zuverlässige Kenntnis vom Hypothekenstande haben (**RG 85**, 339; 95, 299; 122, 80; **RG** JW 1931, 2362[1]; 1936, 648[10], 2396[11]; **RG** HRR 1931 Nr. 218). Zum mindesten muß er die Beteiligten darauf aufmerksam machen, daß die Beurkundung nur auf ihre Gefahr geschehen könne. Vor der Beurkundung eines Kaufvertrags über ein Grundstück muß sich der Notar auch davon überzeugen, ob die Beteiligten von den bei den Grundakten eingegangenen, noch nicht erledigten Anträgen auf Eintragung von Hypotheken Kenntnis haben (**RG** Gruchot 71, 622). Liegt ein Grundbuchauszug vor, so darf sich der Notar darauf verlassen, daß er richtig ist (**RG** HRR 1932 Nr. 1445); er muß ihn aber selbständig nach allen Richtungen prüfen, die für das abzuschließende Geschäft von Bedeutung sein können (**RG** WarnRspr. 1927 Nr. 172). Wird der Notar mit der Feststellung des Ranges einer Hypothek beauftragt, so hat er in aller Regel nicht nur die Eintragungen in Abt. III, sondern auch die Eintragungen in Abt. II wegen etwa der Hypothek vorgehender Rechte zu prüfen (**RG** JW 1936, 2215[4]). Aufklärungspflicht des nur um Bescheinigung des Grundbuchstandes ersuchten Notars s.. **RG** WarnRspr. 1934 Nr. 104. Keine Belehrungspflicht in bezug auf Rangverhältnisse bei Abtretung von Grundschulden, wenn Grundschuldbrief vorliegt s. **RG** HRR 1834 Nr. 1202. Macht der Notar von der Ermächtigung, Urkunden beim Handelsregisteramt oder beim Grundbuchamt einzureichen (FGG § 129; GBO § 15), sei es auch nur auf Ersuchen der Beteiligten, Gebrauch, so liegt ihm die sorgfältige, insbesondere rechtzeitige Ausführung als Amtspflicht ob (**RG** 93, 68; 114, 202; auch in JW 1928, 1862[16]; 1931, 1078[7]; 1933, 1055[1]). Eine Verpflichtung zur Einreichung besteht aber nur, wenn der Notar sie ausdrücklich oder stillschweigend übernommen hat (**RG** JW 1937, 2121[25]).

Anm. 78

4. Haftung der Gehilfen

Eine Haftung für Gehilfen gemäß §§ 278, 831, **BGB** kommt nur in Frage bei Tätigkeiten des Notars außerhalb seiner Amtstätigkeit, d. h. bei Erfüllung vertraglicher Pflichten (**RG** 85, 225; 142, 184), dagegen nicht bei Amtshandlungen. Denn der Notar muß seine Amtspflichten grundsätzlich in eigener Person erfüllen, wenn er sich auch zur Vorbereitung von Amtshandlungen der Hilfe anderer bedienen darf (**RG** JW 1936, 2396[11]; **RG** WarnRspr. 1930 Nr. 157, 213; **RG** HRR 1935 Nr. 786. Es ist also zu prüfen, ob bei dem Versehen des Gehilfen den Notar selbst der Vorwurf einer Verletzung seiner Amtspflicht trifft **RG** 162, 28. So muß er selbständig prüfen, ob der Inhalt der von einem Gehilfen entworfenen Urkunden dem Willen der Beteiligten entspricht (**RG** JW 1914, 354[6]; **RG** HRR 1932 Nr. 1206), und ob Ausfertigungen und beglaubigte Abschriften mit der Urschrift der Urkunde übereinstimmen (**RG** JW 1935, 2356[4]; HRR 1935 Nr. 347). Die Gehilfen sind auch nicht berufen, Rechtsauskunft zu erteilen, die Beteiligten nicht berechtigt, sich auf eine solche Auskunft zu verlassen (**RG** 162, 29; **RG** HRR 1936 Nr. 874). Duldet der Notar, daß von seinen Angestellten Rechtsrat erteilt wird, so haftet er gemäß § 839 **BGB** (**RG** 162, 29). Hat der Notar von ihm beglaubigte Urkunden zur Erwirkung einer Eintragung im Grundbuch erhalten, so braucht er die Übersendung an das Grundbuchamt nicht im einzelnen Fall persönlich anzuordnen und zu überwachen; er muß aber allgemein Einrichtungen treffen und durch eine wirksame Überwachung dafür sorgen, daß die Aufgabe durch ein gut geschultes, erprobtes Personal wahrgenommen wird; Absendung durch einfachen, nicht eingeschriebenen Brief kann jedoch nicht in jedem Falle als unzureichend erachtet werden (**RG** HRR 1933 Nr. 1749). Es begründet auch nicht stets eine Amtspflichtverletzung, wenn der Notar seinen Bürovorsteher mit einer Grundbucheinsicht betraut und sich auf dessen Feststellungen über den Inhalt des Grundbuchs verläßt; es wird immer auf die Umstände des Falles ankommen (**RG** HRR 1933 Nr. 1750). Nach § 35 RNO haftet für eine Amtspflichtverletzung des Vertreters neben diesem der Notar dem Geschädigten als Gesamtschuldner; im Verhältnis zwischen dem Notar und dem Vertreter ist der Vertreter allein verpflichtet. Für Notarverweser s. AVO v. 26. 6. 1937 (RGBl. I, 663) § 7.

Anm. 79

5. Mitwirkendes Verschulden des Geschädigten kann im einzelnen Falle nach § 254 die Haftung des schuldigen Notars einschränken oder sogar ausschließen; so, wenn der Notar unter Verletzung seiner amtlichen Belehrungspflicht einen sittenwidrigen Knebelvertrag und einen wucherlichen Darlehnsvertrag beurkundet, der geschädigte Gläubiger aber die Sittenwidrigkeit der Verträge gekannt oder nur aus Fahrlässigkeit nicht gekannt hat (**RG** 130, 1 **RG** JW 1930, 2932[7]; **RG** HRR 1931 Nr. 1734). Trifft der letztere Vorwurf einen Vertreter des Gläubigers, so kann die Haftung des Notars nach § 839 Abs. 1 Satz 2 ausgeschlossen sein (**RG** 162, 31; JW 1930, 2932[7]). Hat der Geschädigte bewußt arglistig gehandelt, so kann er den seine Amtspflicht fahrlässig verletzenden Notar nicht für den Schaden verantwortlich machen, der ihm durch das Fehlschlagen seines Handelns entstanden ist (**RG** 130, 1 [6]; **RG** JW 1935, 2491[3]). Eigenes Verschulden des Geschädigten setzt im übrigen nicht voraus, daß er die drohende Gefahr erkannt hat; es kann auch in fahrlässiger Nichteinholung geschäfts- oder rechtskundigen Rates und insbesondere darin zu finden sein, daß er den Notar nicht über eine bedrohliche Weiterentwicklung der Sache unterrichtet hat (**RG** HRR 1934 Nr. 863).

Anm. 80

6. Einfluß der Nichtigkeit eines Generalversammlungsbeschlusses auf den Gebührenanspruch des beurkundenden Notars, der die Nichtigkeit durch Außerachtlassung von Formvorschriften des Aktienrechts verschuldet hat, s. **RG** 114, 202. Über Notariatsgebühren s. auch **RG** 136, 307; 141, 283; 142, 42; **RG** JW 1927 S. 1252[9], 2125[24], 2126[25]; 1930, 3307[4].

§ 611

Durch den Dienstvertrag wird derjenige, welcher Dienste zusagt, zur Leistung der versprochenen Dienste, der andere Teil zur Gewährung der vereinbarten Vergütung verpflichtet.

Gegenstand des Dienstvertrags können Dienste jeder Art sein.

E I 559 II 551; M 2 455—460; P 2 276ff.

Übersicht

Anm. 1

I. Verpflichtungen des Dienstpflichtigen

1. Leistungen der versprochenen Dienste

a) der **Selbständigen.** Da deren Dienstverhältnis als Schuldverhältnis unter dem Gebot von Treu und Glauben (§ 242) steht, sind auch die einzelnen aus dem Dienstverhältnis entspringenden Rechte und Pflichten der Beteiligten danach zu beurteilen. Bei der im § 611 Abs. 1 hervorgehobenen Hauptleistung des Dienstpflichtigen, der Leistung der versprochenen Dienste, hat dieser für die im Verkehr erforderliche Sorgfalt einzustehen (§ 276). Er hat zwar der Regel nach nur die gewöhnliche Sachkunde zu gewähren, übernimmt er aber Dienste, die eine besondere Sachkenntnis oder Fähigkeit erfordern, dann muß er auch dafür einstehen, daß er diese Eigenschaften hat und sie auch mit der gebotenen Sorgfalt verwendet (**RG** JW 1937, 1234[4]; LZ 1916, 702[9]). Wird durch Leistung der versprochenen Dienste der Dienstberechtigte geschädigt, z. B. an Körper und Gesundheit, so trifft den Dienstverpflichteten die Beweispflicht für das Gegenteil, wenn die Sachlage zunächst dafür spricht, daß er die ihm obliegende Sorgfaltspflicht verletzt habe (**RG** 148, 148). Auch sonst liegt der Beweis dafür, daß eine objektive Verletzung des Vertrages ohne sein Verschulden eingetreten sei und auch bei aller Vorsicht nicht habe abgewendet werden können, dem Dienstverpflichteten ob, wenn die Sachlage zunächst den Schluß rechtfertigt, daß er die vertragliche Sorgfaltspflicht verletzt habe (**RG** JW 1935, 115[5]; **RAG** 20, 252). Ob der mit der Dienstleistung verbundene Aufwand, die Beschaffung der erforderlichen Geräte, Fahrzeuge usw. vom Dienstpflichtigen oder vom Dienstberechtigten zu tragen ist, hängt von den Umständen, insbesondere von der Natur der zugesagten Dienste ab (s. unten § 618 Anm. 2). Verrichten Bedienstete kleine Arbeiten, zu denen sie vertraglich nicht verpflichtet sind, die aber mit ihren Dienstleistungen zusammenhängen, so fallen auch diese Arbeiten unter den Dienstvertrag. Der Dienstpflichtige muß daher die erforderliche Sorgfalt anwenden, genießt aber auch den Schutz des § 618 (**RG** LZ 1915, 1001[22]). Sollen die den Vertragsinhalt bildenden Dienste einen bestimmten Erfolg herbeiführen, so entbindet die Zweifelhaftigkeit dieses Erfolges insbesondere denjenigen nicht von der Haftung für sachgemäße Ausführung, der Dienste höherer Art zu leisten hat (**RG** JW 1937, 1234[4]).

Anm. 2

b) Bei **Arbeitnehmern,** also bei unselbständiger Arbeit beurteilt sich Art und Umfang der zu leistenden Arbeit insbesonders aus dem alle Arbeitsverhältnisse beherrschenden Grundsatze gegenseitiger Treupflicht (vgl. Vorbem. 10). Sie wird weitgehend dadurch beherrscht, daß der AN nicht für sich allein, sondern in einem Betriebe eingegliedert ist, nicht einzelne, sondern fortlaufend Dienste zu leisten hat, seine Dienste vielfach von den Leistungen der übrigen abhängig oder in Zusammenwirken mit diesen zu erbringen sind und er hinsichtlich der Art und Zeit der Ausführung dem Weisungsrecht (vgl. Vorbem. 31) unterliegt. Der AG kann dem AN sogar einen anderen Arbeitsplatz oder eine andere Arbeit zuweisen, falls dies nach der Art der Arbeit und den Betriebsverhältnissen notwendig erscheint und er nicht für eine bestimmte Stelle oder Tätigkeit eingestellt ist (**BAG** 1, 321), er kann ihn aber mangels einer vertraglichen oder tariflichen Bestimmung nicht in einen anderen Betrieb versetzen. In keinem Fall darf den AN dadurch höhere Unkosten (Wegekosten) oder eine Lohnminderung treffen (**RAG** ArbRS 39, 198; 40, 68). Ferner werden seine Dienstleistungen durch die Arbeitsschutznormen, insbesondere der Arbeitszeitordnung und der Vorschriften der §§ 105a—i GewO, des Jugendschutzgesetzes, Mutterschutzgesetzes sowie den Bestimmungen der Tarifverträge und Betriebsvereinbarungen (Arbeitsordnung und sonstige betriebliche Ordnungen) beeinflußt (s. Vorbem. 8).

Anm. 3

Vertragswidriges **Nichtaufnehmen oder Verlassen der Arbeit** verpflichtet zum Schadensersatz (vgl. **RAG** AP Nr. 1 zu § 124b GewO). So auch vertragswidrige Niederlegung der Arbeit; bei gemeinsamem Vorgehen haftet der einzelne Arbeitnehmer dem Arbeitgeber in der Regel nicht nur für den Schaden, den gerade er durch die Verweigerung seiner Arbeitsleistung unmittelbar hervorgerufen hat, sondern als Gesamtschuldner für den aus der Arbeitsniederlegung in ihrer Gesamtheit entstandenen Schaden (**RAG** ArbRS 14, 293; **RAG** Gruchot 72, 325). Über Teilnahme an Streik vgl. § 626 Anm. 12. Vgl. auch GewO §§ 124b, 134 und über Verleitung zum pflichtwidrigen Verlassen der Arbeit § 125 ebenda. Über das Recht zur fristlosen Entlassung vgl. § 626.

Anm. 4

2. Nebenleistungen des Dienstpflichtigen. Zu diesen Leistungen des Dienstverpflichteten, die gleich der Leistung der versprochenen Dienste nach Treu und Glauben (§ 242), bei den Verhältnissen des Arbeitsrechts vor allem auch aus dem Gedanken der Betriebsgemeinschaft, und der Pflicht zu gegenseitiger Treue heraus zu beurteilen sind, gehören beispielsweise: Wahrung der Interessen des Dienstberechtigten, Schonung seines Eigentums, z. B. der Werkzeuge und Rohstoffe des Unternehmers; des vom Angestellten zu führenden Kraftwagens (ArbRS 29 ArbG Nr. 1; JW 1938, 2999); Unterlassung jeder der versprochenen Leistung oder sonst den Interessen des Dienstberechtigten zuwiderlaufenden Tätigkeit, auch eines Wettbewerbs (vgl. §§ 60f., 76 **HGB**, dazu **RG** DJ 1937, 1290). Über Wettbewerbsverbote für die Zeit nach Beendigung des Dienst- oder Arbeitsverhältnisses, Bewahrung von Geschäftsgeheimnissen, für die Zeit nach Beendigung eines Arbeitsverhältnisses; Anzeige von Betriebsmängeln und Betriebsgefahren, vgl. Vorbem. 10; Berichterstattung über die übernommenen Geschäfte (vgl. § 675 mit §§ 665, 668). Beaufsichtigung von Kleidungsstücken der Schüler als Nebenleistung bei einem auf Erteilung des Unterrichts gerichteten Dienstvertrage s. **OLG** 38, 99, aber auch SeuffArch. 58 Nr. 30; Haftung des Staates für die in Schulgebäuden abgelegten Kleidungsstücke der Schüler s. **OLG** 41, 118; HRR 1931 Nr. 1856. Über die Frage, ob der Arzt für die im Vorraum seiner Wohnung abgelegten Kleidungsstücke haftet, s. **RG** 99, 35. Über die Verpflichtung des Angestellten, Zuwendungen, die ihm von Dritten gemacht werden, an den Geschäftsherrn herauszugeben, s. **RG** 55, 91; 96, 53; **RG** 99, 31 (Herausgabe von Schmiergeldern); ferner SeuffArch. 69 Nr. 141; 75 Nr. 153; LZ 1920, 63[9] und § 667 Anm. 3. Über das sog. Schmiergelderverbot des § 12 UWG **RG** Gruchot 65, 210; s. auch ZAkDR 1937, 153; mit Rücksicht auf den Verfall des Empfangenen oder seines Wertes zugunsten des Staates entfällt hier (wie im Falle der Beamtenbestechung) der Anspruch des Dienstberechtigten auf Herausgabe (**RG** 146, 194 [207f.]; s. **RG** JW 1937, 2516[13]). Eine Pflicht, sich Überwachungsmaßnahmen zu unterziehen, die eine Beschränkung seiner persönlichen Freiheit in sich schließen (Torkontrolle), hat der Arbeitnehmer nur, wenn sie vertraglich (durch Tarifvertrag, Betriebsvereinbarung oder Einzelarbeitsvertrag) rechtmäßig eingeführt ist oder mit Rücksicht auf die besonderen Verhältnisse des Betriebes (erhöhte Diebstahlsgefahr) erforderlich und üblich ist, unter Umständen kann auch Leibesuntersuchung gerechtfertigt sein (**RAG** ArbRS 6, 215; **LAG** Stuttgart RdA 1950, 274; **LAG** Mannheim AP Nr. 1 zu § 111 Torkontrolle, Hueck, Lehrbuch I 219).

Anm. 5

Eine Erzwingung der Dienste im Wege der Zwangsvollstreckung ist unzulässig (ZPO § 888 Abs. 2). Verweigert der Dienstverpflichtete trotz Verurteilung die Arbeitsleistung, so bleiben dem Dienstberechtigten nur Schadensersatzansprüche und das Recht zu fristloser Kündigung. Auch hat der Dienstberechtigte einen klagbaren Anspruch in der Regel nur auf Leistung der versprochenen Dienste, nicht darauf, daß der Dienstpflichtige es während der Vertragsdauer unterlasse, einem anderen Dienste zu leisten (Vorbem. 44). Dem Dienstpflichtigen ist es daher, unbeschadet besonderer Abreden, auch nicht verwehrt, seine vom Dienst nicht beanspruchte Zeit für sich auszunutzen, soweit dies nicht, wie etwa ein Wettbewerb (s. oben) wider das Treuverhältnis zum Dienstberechtigten oder dessen Interessen verstößt (**RG** JW 1913, 333[20]) oder nach § 2 III 2 AZO gesetzlich zulässig ist.

Anm. 6

II. Verpflichtungen des Dienstberechtigten

1. Zahlungen der vereinbarten Vergütung, das Entgelt für die geleistete Arbeit. Sie kann in Geld oder in der Zuwendung anderer Vermögensvorteile (freier Wohnung, Beköstigung — Pflegevertrag s. **OLG** 43, 70 —, auch Gegendienste) oder in einem Anteil am Gewinn bestehen — sog. partiarisches Geschäft, ohne daß deshalb ein Gesellschaftsvertrag vorzuliegen braucht (vgl. § 705 Anm. 4, auch **RG** WarnRspr. 1914 Nr. 37). Der Lohn kann Zeitlohn (Stunden-, Tages-, Monatslohn) sein, aber auch Leistungslohn (Stücklohn, Akkord, Gedinge, Provision) oder eine Verbindung von beiden, Zeitlohn mit Produktions-Umsatz-Ersparnisprämien (vgl. im einzelnen Denecke DArbR 1938, 190, 318; über Zeitakkord **RAG** ArbRS 11, 348; 13, 74 **BAG** AP Nr. 1, § 611 Akkord; Nr. 4, 5, § 7 TVG; Hueck Lehrb. I 289; Nikisch 322). Über die viel umstrittene Frage, inwiefern eine Erhöhung der Tariflöhne eine Erhöhung der Akkordverdienste zur Folge habe und über die Bedeutung eine sog. Effektivklausel s. Hueck Festschrift für Sitzler S. 213; Nipperdey Lehrbuch II § 30. Ein Mindestverdienst (der Stundenlohn) ist bei Akkord nur dann gewährleistet, wenn dies besonders vereinbart ist, und zwar auch bei Tariflöhnen (st. Rspr. **RAG** ArbRS 30, 94; 268, 35, 135). Indessen muß der Arbeitgeber auf Grund seiner Fürsorgepflicht die Akkorde so setzen, daß bei normaler Arbeitsleistung mindestens der Stundenlohn oder der vereinbarte Akkordmindest- oder Durchschnittsverdienst (Stundenlohn mit 10 oder 15% Zuschlag) erreicht werden kann, anderenfalls Schadensersatzanspruch auf Zahlung dieses Lohnes (**LAG** Dortmund ArbRS L 13). Das gilt auch für Einstellung auf Trinkgelder, die im Gaststättengewerbe früher häufig, heute kaum noch üblich ist, zumal bei Pfändungen § 850h ZPO durchgreift. Lohn ist auch das Bedienungsgeld, d. h. der Zuschlag zu den Preisen der Zimmer, Speisen und Getränke, sei es daß er von dem Unternehmer eingezogen oder von dem Kellner einbehalten (Serviersystem) oder an eine Kasse zwecks Verteilung an alle Kellner abgeführt wird (sog. Troncsystem, vgl. **RAG** 27, 281; 28, 93; 41, 134). Wird der Lohn gepfändet, so ist der Gastwirt dafür verantwortlich, daß der Kellner das einbehaltene Bedienungsgeld in Höhe der gepfändeten Beträge an ihn zwecks Weiterleitung an den Pfändungsgläubiger abführt (**RAG** ArbRS 34, 158). Bei Einziehung durch den Wirt Pflicht zur Rechnungslegung (**RAG** ArbRS 27, 69). Verbot des Trucksystems §§ 115, 117 GewO (**RAG** ArbRS 5, 369; 19, 108; 30, 131). Über Gratifikationen, Urlaub, Ruhegeld vgl. Vorbem 21—26. Über die Rechtswirksamkeit des Versprechens eines Gewinnanteils ohne Angabe der Höhe s. **RG** JW 1921 S. 106[2], 339[10]. Berechnung des Gewinnanteils beim Ausscheiden eines Angestellten während des Geschäftsjahres s. **RG** WarnRspr. 1931 Nr. 13. Über Gewinnbeteiligung der Vorstands- und Aufsichtsratsmitglieder bei einer Aktiengesellschaft s. Aktiengesetz v. 30. 1. 1937

(RGBl. I, 107) § 77 Abs. 3, § 98 Abs. 4, DurchfVO v. 29. 9. 1937 (RGBl. I, 1026), §§ 8ff. Provisionsansprüche eines kaufmännischen Angestellten nach Beendigung des Dienstverhältnisses s. **RAG** ArbRS 26, 121 vgl. und jetzt §§ 87, 89b, 92 HGB. Ist dem Dienstverpflichteten eine Prämie für Fertigstellung einer Arbeit innerhalb bestimmter Frist versprochen worden, so kann der Berechtigte sich zur Abwehr des Anspruchs auf die Prämie nicht auf die Nichteinhaltung der Frist berufen, wenn sie auf Umständen beruht, die der Berechtigte selbst zu vertreten hat; in solchem Falle wird vielmehr die Annahme einer Verlängerung der Frist im Sinne des Vertrags liegen (**RG** 16. 11. 1920 III 156/20). Vereinbarung einer für sich allein kündbaren Zulage neben der allgemeinen Arbeitsvergütung s. DJ 1937, 822. Besteht ein Teil des Lohnes in der Gewährung von Kost und Wohnung, so kann mangels anderer Abreden der Arbeitnehmer diesen Teil nicht bar verlangen, wenn er die Kost und Wohnung nicht in Anspruch nimmt (**RAG** ArbRS 22, 31).

Anm. 7

An Minderjährige kann im allgemeinen der Lohn selbst ausgezahlt werden. Soweit dieser das Arbeitsverhältnis auf Grund des § 113 BGB selbst eingegangen ist, ist er insoweit vollgeschäftsfähig. Soweit der Arbeitsvertrag von dem gesetzlichen Vertreter geschlossen ist, wird doch in der Regel eine Ermächtigung zur Empfangnahme des Lohnes durch den Minderjährigen als gewollt anzunehmen sein. Dies gilt auch für Lehrlinge, für die nach der herrschenden Meinung (vgl. Vorbem. Anm. 34) § 113 nicht gilt. Jedoch kann der gesetzliche Vertreter jederzeit Zahlung des Lohnes an sich verlangen, es sei denn daß hierin offenbar ein Mißbrauch seines Rechtes liegt (vgl. **LAG** Dortmund ArbRS 34, 63).

Anm. 8

Bei **unentgeltlich übernommenen Diensten** der selbständig Tätigen kommen nicht die Vorschriften des Dienstvertrags, sondern diejenigen des Auftrags oder des Schenkungsversprechens zur entsprechenden Anwendung. Ein reiner Dienstvertrag wird auch dann nicht anzunehmen sein, wenn beide Vertragsparteien Dienste zu leisten haben; das Gesetz fordert eine Verschiedenheit der beiden Parteirollen. Dadurch jedoch, daß sich jemand überhaupt gegen ein Entgelt zur Leistung von Diensten verpflichtet, wird jedenfalls ein dem Dienstvertrag ähnliches Vertragsverhältnis geschaffen, auf das die Vorschriften der §§ 623, 624, 626 entsprechende Anwendung finden (**RG** 78, 423). Sind die Dienste aus bloßer Gefälligkeit zugesagt, so liegt in der Regel überhaupt kein Vertragsverhältnis vor, so daß eintretendenfalls höchstens nur eine Haftpflicht aus unerlaubter Handlung des die Dienste schuldhaft Verrichtenden gegeben ist (**RG** 65, 17). Über unentgeltlichen Arbeitsvertrag vgl. **LAG** Frankfurt AP Nr. 174 m. Anm.

Anm. 9

2. Nebenleistungen des Dienstberechtigten. Zu diesen Nebenleistungen des Dienstberechtigten, die ebenso wie diejenigen des Dienstverpflichteten (s. oben Anm. 4) nach Treu und Glauben und bei den Arbeitsverhältnissen der Pflicht zu gegenseitiger Treue zu beurteilen sind, gehören beispielsweise: Fürsorge für die Person des Dienstverpflichteten, wie sie in §§ 617, 618 ausdrücklich angeordnet ist; Ersatz von Aufwendungen, insbesondere Fahrkosten für vom AG gewünschte Vorstellungen bei Bewerbungen (**RAG** ArbRS 14, 341; 36, 44 vgl. §§ 669, 670), wozu auch ungewollte, aber mit der Erledigung einer dienstlichen Aufgabe notwendig oder doch mit hoher Wahrscheinlichkeit verbundene Körper- und Sachschäden, gegebenenfalls sogar entstehende gesetzliche Schadensersatzverbindlichkeiten zu rechnen sind (**RG** HRR 1930 Nr. 5; **RAG** ArbRS 30, 157; **RAG** WarnRspr. 1931 Nr. 161), s. Vorbem. 20. Vertragliche Aufwandsentschädigung s. **RAG** ArbRS 22, 123. Aufwandsentschädigung nach Verzicht auf Dienstleistung s. **RAG** ArbRS 23, 6. Anspruch auf Fortzahlung von Reisespesen bei Zurückziehung aus der Reisetätigkeit s. **RAG** ArbRS 31, 83. Anspruch auf Erstattung der durch vorzeitige Rückberufung aus einer in der Heimat verlebten Freizeit entstandenen Reisekosten s. **RAG** 17, 272. Schadensersatzpflicht des Dienstberechtigten wegen schuldhafter Verletzung der Offenbarungspflicht bei Abschluß des Dienstvertrags s. **RAG** ArbRS 33, 67.

Anm. 10

Eine Verpflichtung des AG, für eine richtige Anmeldung des AN bei der **Sozialversicherung** zu sorgen, die erforderlichen Auskünfte und Nachweisungen zu geben, die Beiträge richtig zu berechnen und abzuführen hatten das **RG** und **RAG** früher stets abgelehnt, da die dahin gehenden Vorschriften nur öffentlich-rechtliche Pflichten des AG begründeten und auch keine Schutzgesetze i. S. des § 823 II BGB seien (**RAG** ArbRS 29, 363; 31, 49). Diese Entscheidungen stammen aber alle noch aus der Zeit, in der das Arbeitsverhältnis als ein auf Austausch von Leistung und Gegenleistung gerichtetes Schuldverhältnis betrachtet wurde. Dagegen war die Frage dem RAG nicht mehr zur Entscheidung gestellt worden, seitdem die Anschauung des Arbeitsverhältnisses als eines auf Treue und Fürsorge gerichtetes personenrechtlichen Gemeinschaftsverhältnisses zur herrschenden geworden ist. Ist aber die Fürsorgepflicht des AG das kennzeichnende Merkmal des Arbeitsverhältnisses, so muß diese sich auch auf die Sicherung der für den AN so wesentlichen Sozialversicherungsansprüche erstrecken. Sie wird denn auch im Schrifttum jetzt allgemein bejaht. Der AG haftet also, wenn durch seine Unterlassungen oder die seiner Angestellten die Versicherungsansprüche eines AN beeinträchtigt sind (h. M.).

Anm. 11

Dagegen besteht keine aus der allgemeinen Fürsorgepflicht herzuleitende besondere Pflicht, den Lohn zwecks Zahlung des dem AN zustehenden Betrages richtig berechnen zu lassen, mit der Folge, daß die Rückzahlung der infolge der falschen Berechnung zuviel gezahlten Beträge nicht verlangt und eine Nachzahlung der zu wenig gezahlten Beträge nicht abgelehnt werden könnte, weil die Berufung auf den vertraglichen Ausschluß des § 818 III oder die Verjährung eine unzulässige Rechtsausübung sei. Dieser Einwand kann vielmehr nur durchgreifen, wenn dem AN die Bestimmungen über die Lohnberechnung nicht zugänglich gemacht waren, ihm eine falsche Auskunft erteilt oder den von ihm erhobenen Beanstandungen und Zweifel nicht nachgegangen, eine Nachprüfung abgelehnt ist (**RAG** ArbRS 37, 38; 41, 151). Über die Fürsorgepflicht bei Unternehmerarbeiter, d. h. dem in einem anderen Betrieb eingeordneten Arbeiter eines Unternehmers vgl. ArbRS 40, 10; **RG** 170, 217; 171, 393; 172, 106.

Über Gratifikationen, Urlaub und Ruhegeld vgl. Vorbem. 20—26.

Anm. 12

III. Ein **Anspruch auf Beschäftigung** steht dem Dienstverpflichteten nach dem Rechte des BGB in der Regel nicht zu. Das BGB kennt nur ein Recht des Dienstberechtigten auf die ihm geschuldeten Dienste und beschränkt den Anspruch des Dienstverpflichteten auf die vereinbarte Vergütung (§§ 611, 615). Doch kann ein Anspruch auf Beschäftigung besonders oder stillschweigend vereinbart sein, wenn der Dienstverpflichtete, dem Dienstberechtigten erkennbar, ein wesentliches Interesse an der Ausübung der von ihm übernommenen Tätigkeit hat (vgl. **RG** JW 1911, 39[22]; **BGH** 8, 45). Anspruch eines auf Privatvertrag angestellten Hochsschullehrers auf Beschäftigung und Nennung im Vorlesungsverzeichnis s. JW 1938, 1128[20]. Im Arbeitsverhältnis wird dagegen nach der heute maßgebenden Rechtsanschauung, die die Arbeit auch sittlich höher wertet, die Fürsorgepflicht des Unternehmers gegenüber den von ihm Beschäftigten besonders betont und dem AN durch das KündigungsschutzG ein Recht auf Erhaltung seines Arbeitsplatzes gewährt, ein Anspruch auf tatsächliche Beschäftigung grundsätzlich anzuerkennen sein, falls nicht dem Verlangen des Dienstverpflichteten nach Beschäftigung ein beachtliches höheres Gegeninteresse des Dienstberechtigten entgegensteht **BAG** 2, 221. Das gilt insbesonders auch für die Beschäftigung von durch die zuständige Verwaltungsbehörde zugewiesenen Schwerbeschädigten, für die es sehr wesentlich ist, daß sie nicht nur Geld erhalten, sonder ihre Fähigkeiten und Kenntnisse verwerten und weiter entwickeln und dadurch sich als nützliche Glieder der Volksgemeinschaft fühlen und erweisen können (**BAG** 2, 121). Für Art und Maß der Beschäftigung werden hier, wie sonst, ausgehend von Treu und Glauben (§ 242) und der gegenseitigen Treupflicht der Beteiligten, allerdings immer die Umstände des Falles und mit ihnen auch Zweck und Möglichkeit der Beschäftigung bestimmend sein müssen.

Anm. 13

IV. Dienste jeder Art. Sowohl höhere Dienste (Arzt, Rechtsanwalt, Lehrer, Privatbeamter, Künstler, Schauspieler), als niedere (Feld- und Gartenarbeiter, Gehilfe im Hauswesen); sei es auf Anstellung, mit Überordnung des Dienstberechtigten über den Dienstverpflichteten sei es auf freier Vereinbarung gleichstehender Vertragsparteien beruhend. — Im BGB sind namentlich hervorgehoben: dauernde Dienstverhältnisse §§ 617, 629, 630; Dienstverhältnisse mit Aufnahme des Verpflichteten in die häusliche Gemeinschaft des Berechtigten §§ 617, 618 Abs. 2; ferner Dienstverhältnisse der zur Leistung höherer Dienste Bestellten §§ 622, 627; und namentlich in § 675 die in Geschäftsbesorgung bestehenden Dienste (rechtsgeschäftlicher Natur oder mit vermögensrechtlichem Interesse für den Empfänger) mit entsprechender Anwendbarkeit der für den Auftrag gegebenen Vorschriften der §§ 663, 665—670, 672—674 und unter Umständen des § 671 Abs. 2 Vgl. ferner zu § 664 **RG** 78, 313. Aus diesen Vorschriften ist diejenige des § 663 wegen der Verpflichtung gewisser Personen zur unverzüglichen Kundgebung einer Ablehnung von Dienstaufträgen hervorzuheben, womit die RAO § 35 übereinstimmt. Im übrigen besteht nach dem BGB keine Verpflichtung zur Übernahme dienstlicher Verrichtungen. Vgl. dagegen für öffentlich-rechtliche Dienstleistungen das PostG v. 28. 10. 1871 § 3 und die EVO v. 8. 9. 1938 § 3, das FernmeldeAnlG v. 14. 1. 1928 § 7. Kein eigentlicher Dienstvertrag (sondern in der Regel ein Werkvertrag) ist der auf Beschaffung von Diensten gerichtete (Impressario-) Vertrag (OLG 3, 22; SeuffArch 56 Nr. 221 u. 222). — Eine besondere Art des Dienstvertrags ist der **Bühnenanstellungsvertrag** für den regelmäßigen Theaterbetrieb (**RG** 91, 328; vgl. Kaessler RdA 53, 309), während er sich bei Gastspielen als Werkvertrag gestaltet. Dienstvertrag ist auch der Vertrag zwischen einer Filmgesellschaft und einem Schauspieler auf Darstellung einer Rolle bei der Aufnahme eines Films (**RAG** ArbRS 3, 164; 5, 116; 9, 559); ebenso der Vertrag über die Verpflichtung eines Artisten (Illusionisten) für eine Reihe von Vorstellungen (**RG** 8. 5. 1908 III 364/07). Dienstvertrag ist der Vertrag zwischen einem Schank- und Speisewirt und dem Leiter einer dort regelmäßig spielenden Musikkapelle (**RAG** ArbRS 15, 499), der Vertrag zwischen dem Inhaber eines Kaffeehauses und dort auftretenden Vortragskünstlern. Ein Dienstvertrag liegt ferner vor, wenn sich die eine Partei verpflichtet, die Theatermusik für das Theater der anderen mit einer Kapelle auszuführen, während letztere den Kapellmeister stellt (**RG** JW 1910, 13[20]). Zur Frage, ob Kaffeehausmusik höhere technische Dienstleistung im Sinne von § 133a GewO ist, s. **RAG** ArbRS 11, 174; 17, 448; 38, 139.

§ 612

Eine Vergütung gilt als stillschweigend vereinbart, wenn die Dienstleistung den Umständen nach nur gegen eine Vergütung zu erwarten ist.

Ist die Höhe der Vergütung nicht bestimmt, so ist bei dem Bestehen einer Taxe die taxmäßige Vergütung, in Ermangelung einer Taxe die übliche Vergütung als vereinbart anzusehen.

E I 559 Abs. 2 II 552; M 2 459; P 2 277.

Anm. 1

Daß eine **Vergütung** gewährt werden soll, kann ausdrücklich vereinbart oder auch ausgeschlossen werden z. B. aus charitativen oder familiären Gründen (**LAG** Hannover AP 53 Nr. 174; Hannover AP 52 Nr. 5). Fehlt eine ausdrückliche Vereinbarung, so ist nach Abs. 1 zu prüfen, ob eine Vergütung als stillschweigend vereinbart zu gelten hat. Ist die Gewährung einer Vergütung ausdrücklich oder stillschweigend vereinbart aber ihre Höhe nicht bestimmt, dann — aber auch nur dann — ist Abs. 2 anzuwenden. Für das Gebiet der abhängigen Arbeit hat das Reichsarbeitsgericht (ArbR 26, 151; 22, 125; **BAG** 5, 59) allgemein ausgesprochen: Wer wirtschaftlich wertvolle Arbeit leistet, hat, auch wenn das Arbeitsverhältnis etwa wegen mangelnder gesetzlicher Form der rechtlichen Grundlage entbehrt und nur ein tatsächliches ist, Anspruch auf angemessene Vergütung, und zwar nicht nur aus ungerechtfertigter Bereicherung

(§§ 812ff.), sondern schon aus dem Grundgedanken des § 611 und im Einklang mit der Fürsorgepflicht des Arbeitgebers. Die Höhe der angemessenen Vergütung ergibt sich dabei, wenn gleiche Arbeit durch Tarifvertrag geregelt ist, aus der tariflichen Entlohnung. — Ist der Dienstverpflichtete vertraglich in bezug auf die Vergütung wie ein Beamter zu behandeln, so muß er sich die gleiche Behandlung z. B. auch bezüglich der Festsetzung des Vergütungsdienstalters gefallen lassen (**RAG** HRR 1932 Nr. 1327). Die Vergütung kann in Leistungslohn oder in Zeitlohn bestehen (vgl. § 611 Anm. 6) und wird regelmäßig in Geld gewährt. Die einschlägigen Fragen sind, soweit das Recht der abhängigen Arbeit in Betracht kommt, meist, wenigstens in den Grundsätzen, tariflich geregelt. Ist in der Tarifordnung nur ein Lohnrahmen bestimmt, so bleibt die Höhe innerhalb dieses Rahmens dem Einzelarbeitsvertrag überlassen und ist nötigenfalls nach § 612 Abs. 2 oder §§ 315, 316 zu bestimmen (**RAG** HRR 1932 Nr. 1326). Wird jemand nach Ablauf des Dienstverhältnisses nur aus Entgegenkommen weiter beschäftigt mit der Erklärung, daß er jederzeit ohne Kündigung den Dienst verlassen könne, falls die Vergütung ihm nicht genüge, dann muß er sich auch mit einer geringeren als der gesetzlichen (üblichen oder angemessenen) Vergütung begnügen, soweit nicht ein tariflicher Lohn besteht (**RG** JW 1934, 630[3]). — Für außergewöhnliche Leistungen, z.B. Verbesserungsvorschläge, kann unter Umständen eine Sondervergütung verlangt werden AP Nr. 1 § 612 BGB. Vgl. jetzt Ges. über Arbeitnehmererfindungen Vorbem. 7.

Anm. 2

Maßgebend ist namentlich, ob die Dienstleistung **nach der Verkehrssitte oder nach ihrer Gewerbsmäßigkeit** regelmäßig nur gegen Entgelt geschieht, mag auch der Dienstberechtigte hiervon nichts gewußt haben (s. jedoch §§ 119ff.). Es kommt überhaupt bei der Frage, ob die Dienstleistung den Umständen nach nur gegen eine Vergütung zu erwarten ist, nicht auf die Meinung der Vertragsteile, insbesondere desjenigen, dem die Dienste geleistet werden, sondern auf die objektive Sachlage insbesonders auf den Umfang und die Dauer der Dienstleistung an. Deshalb wird eine Tätigkeit, die die Arbeitskraft des Beschäftigten völlig in Anspruch nimmt, in der Regel nicht ohne Vergütung ausgeübt werden, besonders wenn der Betreffende darauf angewiesen ist, durch diese Arbeit für sich den Lebensunterhalt zu verdienen (**RAG** ArbRS 36, 163). Ebenfalls läßt der Umstand, daß eine Dienstleistung im Hinblick auf Verwandtschaft übernommen wird, — abgesehen von den Fällen der §§ 685 II, 1617 — noch keinen Schluß auf eine unentgeltliche Übernahme der Dienste zu. Vielmehr können trotz § 1617 Kinder, die im Haushalt und Geschäfte ihres Vaters Dienste leisten, eine besondere Vergütung verlangen, wenn die Dienstleistung nach Art und Dauer und nach den heute herrschenden Anschauungen nur gegen eine über den Unterhalt hinausgehende Vergütung zu erwarten ist. Auch eine Frau, die mit einem Manne in Erwartung einer künftigen Ehe zusammengelebt und von ihm unterhalten ist, wird, wenn ihre Dienste sich nicht nur auf die Haushaltsführung beschränkt, sondern auch für das Geschäft ausgedehnt haben, entsprechend den jetzigen Grundsätzen über die Zugewinngemeinschaft (§ 1363ff.) eine angemessene Entschädigung neben den Unterhalt verlangen können, wenn es nicht zu der Ehe kommt (vgl. **RAG** ArbRS 36, 277 **BGH** 8, 249). Werden gemeinnützige Einrichtungen grundsätzlich ehrenamtlich verwaltet, so kann ein Dienstlohn auch dann nicht als stillschweigend vereinbart gelten, wenn die Tätigkeit die volle Arbeitskraft beansprucht. Anders, wenn für die Organisation besondere Hausmittel vom Staat zur Verfügung gestellt werden (**RAG** ArbRS 29, 110; 36, 165). Auch bei zunächst unentgeltlichen übernommenen Leistungen kann die nachträgliche Gewährung einer Vergütung regelmäßig nicht als Schenkung aufgefaßt werden; denn zur Schenkung gehört die Einigung beider Teile darüber, daß die Vergütung eine unentgeltliche Zuwendung darstellen solle (**RG** 94, 157; **RAG** ArbRS 19, 13).

Anm. 3

Taxmäße Vergütung. Vgl. namentlich GewO §§ 76—79. Die nach § 80 Abs. 2 GewO von den Zentralbehörden für Ärzte festgesetzten Taxen galten beim Mangel einer Vereinbarung im Streitfalle auch für sog. Autoritäten, Professoren und Spezialärzte (**RG** JW 1919, 195; 1932, 3333[5]). Die von Berufsverbänden (Architekten, Ingenieure) aufgestellten Gebührenordnungen sind keine Taxen i. S. des Abs. 2, sondern enthalten nur übliche Vergütungen. Die reichs- und die landesgesetzlichen Gebührenordnungen für Rechtsanwälte sind keine Taxen im Sinne von § 612 Abs. 2, weil es sich hier um Bestimmungen des öffentlichen Rechtes handelt; Art. 55 EGBGB findet keine Anwendung (vgl. **RG** 68, 199; 75, 107). Ihre Vorschriften dürfen jedoch nicht maßgebend sein, ehe von einer Festsetzung der Gebühren nach freiem Ermessen unter Berücksichtigung von Treu und Glauben die Rede sein kann; solange sie anzuwenden sind, ist auch für eine rechtsähnliche Anwendung des § 89 RAGebO kein Raum (**RG** JW 1938, 944[7]). Regelung durch Tarifvertrag ist keine Taxe im Sinne des § 612 Abs. 2 (**RG** WarnRspr. 1932 Nr. 35). — Privatrechtliche Vorschriften der Landesgesetze über Taxen treten hinter die §§ 611, 612 zurück (Art. 55 EG). Auf bestehende Taxen wird durch § 612 Abs. 2 nur in dem Sinne verwiesen, daß sie eine Ergänzung des unausgesprochenen Parteiwillens bilden, also nur insoweit in Betracht kommen, als eine bestimmte Höhe der Vergütung weder ausdrücklich noch durch schlüssige Handlungen vereinbart ist (**RG** 68, 202). Vgl. § 653 Anm. 2, § 632.

Anm. 4

Übliche Vergütung. Besteht Streit über die Frage, welcher Lohn zu zahlen ist, kann die Entscheidung nicht darauf abgestellt werden, welche Vergütung für die Leistung billig erscheint, sondern es muß zunächst geprüft werden, was durch Gesetz, Tarifvertrag, Betriebsvereinbarung vorgeschrieben ist. Erst bei Fehlen solcher Bestimmung kann nach der üblichen Vergütung gefragt werden (**RAG** ArbRS 45, 251). Bei Frauenlohn ist hierbei auch der Grundsatz des Art. 3 GG, über die Gleichberechtigung der Frau zu beachten. Der Dienstpflichtige, der sich auf Abs. 2 beruft, hat also zunächst nachzuweisen, daß keine gesetzlichen, tariflichen oder vertraglichen Lohnvorschriften bestehen, und danach die Üblichkeit des geforderten Lohnes. Für nicht tarifgebundene AN ist der Tariflohn der übliche Lohn. Besteht keine Taxe und kann auch eine übliche Vergütung nicht festgestellt werden, so kommen §§ 315, 316 zur Anwendung (**RG** WarnRspr. 1932 Nr. 35; **RG** SeuffArch. 81 Nr. 92). Wird ein Gewinnanteil ohne Angabe der Höhe versprochen, so ist der ortsübliche oder ein angemessener Anteil zu gewähren (**RG** JW 1921 S. 106[2], 339[10]). Über die Bestimmung eines ärztlichen Honorars nach billigem Ermessen und über die Berücksichtigung anderweiter Ausfälle hierbei s. **RG** SeuffArch. 81 Nr. 92. Bemessung des Honorars eines hervorragenden Chirurgen für eine schwierige, mit Erfolg ausgeführte Operation beim Kinde eines Vaters mit sehr hohem Einkommen s. **RG** JW 1930, 1577[1].

§ 613

Der zur Dienstleistung Verpflichtete hat die Dienste im Zweifel in Person zu leisten. Der Anspruch auf die Dienste ist im Zweifel nicht übertragbar.

E II 554 III 606; M 2 456; P 2 278.

Anm. 1

In Person. Nach der Auslegungsregel in Satz 1 erlischt, wenn nichts anderes vereinbart ist, das Dienstverhältnis nach den Grundsätzen über die Unmöglichkeit der Erfüllung durch den Tod des Dienstverpflichteten. Der Dienstverpflichtete ist zur Bestellung eines Vertreters weder berechtigt noch verpflichtet, während ihm die Annahme eines Gehilfen, § 278, regelmäßig gestattet ist, sofern solche mit der ihm obliegenden persönlichen Dienstleistung vereinbar erscheint (so für den Kommissionär **RG** 10. 5. 1930 I 19/30). Die Bestimmung, daß beim Tode eines der Vertragsteile der Vertrag auf Verlangen derErben aufgehoben sein soll und auch von der Gegenpartei sofort gekündigt werden kann, ist mit der Natur des Dienstvertrags durchaus vereinbar (**RG** 9. 12. 1902 III 278/02). Der Anspruch auf eine bereits verdiente Vergütung geht auf die Erben über. Das gilt aber nicht für den Urlaubsanspruch des Arbeitnehmers, selbst wenn er sich bereits zu seinen Lebzeiten in einen bloßen Anspruch auf Urlaubsvergütung verwandelt hatte (**RAG** ArbRS 44, 185; **BAG** AP Nr. 7 zu § 611 Urlaub). Über Eintritt von Familienmitgliedern in den Heuerlingsvertrag vgl. **LAG** Oldenburg AP 53, Nr. 109.

Anm. 2

Unübertragbarkeit des Anspruchs auf Leistung der Dienste. **Rechtsnachfolge in dem Betrieb.** Nicht ausgeschlossen wird durch Satz 2 der Übergang des Anspruchs auf Dienste bei Gesamtrechtsnachfolge wie bei Erbgang, Verschmelzung und Verstaatlichung von Aktiengesellschaften (§§ 240, 252 HGB), der Umwandlung von Aktiengesellschaften gemäß § 257 HGB, Gesetz v. 12. 11. 1956, BGBl. I 844 und § 45 DMBilanzgesetz und bei Eingemeindungen (**RG** 27. 1. 1908 III 248/07). Dagegen bedeutet keine solche Gesamtrechtsnachfolge im Rechtssinne die Übernahme und Fortführung des Betriebes mit den bisherigen Betriebszwecken, den sachlichen Mitteln und der bisherigen Belegschaft. Soweit die Voraussetzungen der § 25 HGB, § 419 BGB vorliegen, tritt nur eine Haftung des neuen Betriebsinhabers für die bis dahin begründeten Forderungen aus dem Arbeitsverhältnis ein, er erwirbt aber nicht die entsprechenden Rechte (a. M. Hueck Lehrbuch I 465, der die Auslegungsregel der S. 2 bei Übertragung des ganzen Betriebs für nicht anwendbar hält). Wird in dem Übernahmevertrag die Übernahme der bisherigen Arbeitnehmer vorgesehen, so bedeutet das in der Regel nur gegenüber dem bisherigen Betriebsinhaber die Übernahme der Verpflichtung zur Weiterbeschäftigung nur unter besonderen Umständen wird darin eine Bestimmung zugunsten jedes einzelnen Arbeitnehmers i. S. des § 328 zu erblicken sein (**BAG** 2, 127). Ein Eintritt in die bisherigen Arbeitsverhältnisse erfolgt vielmehr erst dadurch, daß der neue Betriebsinhaber, sei es durch ausdrückliche Erklärung, sei es durch tatsächliche Weiterbeschäftigung seinen Willen zur Fortsetzung der einzelnen Arbeitsverträge kundgibt und die einzelnen Arbeitnehmer durch Fortsetzung ihrer Tätigkeit sich damit einverstanden erklären. Einer Abtretung der Rechte aus den einzelnen Arbeitsverträgen durch den bisherigen Betriebsinhaber bedarf es dazu nicht. (Vgl. **LAG** Heidelberg AP 50 Nr. 300, **LAG** Kiel AP 51 Nr. 35, a. M. Nikisch Lehrbuch I 543 u. Dietz BVG § 1 Anm. 69, die für einen Übergang kraft Gesetzes eintreten. Über Bedenken dagegen vgl. Denecke BB 50, 680; Hueck Lehrbuch I 467.) Wegen der Anrechnung der früheren Beschäftigungszeiten bei Gratifikation, Urlaub, Ruhegeld und Kündigungsfristen vgl. Vorbem. 26.

§ 614

Die Vergütung ist nach der Leistung der Dienste zu entrichten. Ist die Vergütung nach Zeitabschnitten bemessen, so ist sie nach dem Ablaufe der einzelnen Zeitabschnitte zu entrichten.

E I 560 II 555; M 2 461; P 2 279.

Anm. 1

Also in der Regel, wenn nichts anderes vereinbart oder sonst etwa durch die Verkehrssitte, oder durch die Art der Vergütung, im Arbeitsrecht durch Tarifvertrag oder Betriebsordnung, festgesetzt ist, **Vorleistung** des Dienstverpflichteten, wie bei der Miete einer Sache, § 551; dazu **RG** 142, 295. Besondere Vorschriften: HGB §§ 64, 88 Abs. 4; GewO §§ 115ff.; vorl. LandarbO § 6. Bei der vom Dienstpflichtigen übernommenen Verwaltung eines Landguts muß die (nach § 675) damit verbundene Rechnung vor Beanspruchung der Vergütung für die Verwaltungstätigkeit gelegt werden (**RG** JW 1907, 479[11]).

Anm. 2

Die in § 366 aufgestellten **Verrechnungsvorschriften** greifen bei Lohnzahlungen im allgemeinen nicht ein. Lohnzahlungen sind vielmehr mangels abweichender Bestimmung auf die laufende Lohnforderung und nicht auf anderweitige, etwa noch rückständige Beträge zu verrechnen (**RA** GArbRS 18, 136). **Vorschüsse** sind regelmäßig keine Darlehen, sondern Vorauszahlungen auf den Lohn und zwar auch dann, wenn sie nicht schon bei der nächstenLohnzahlung, sondern ratenweise in längerer Zeit getilgt werden sollen, wie z. B. bei der Anschaffung von Möbeln, Kleidung usw. Wird der Lohn gepfändet, so ist für die Berechnung der Pfändungsgrenze von dem am Tage der Fälligkeit vertraglich geschuldeten Lohnbetrag ohne Rücksicht auf die Vorauszahlung auszugehen, der Vorschuß, die Tilgungsrate ist grundsätzlich auf den pfandfreien Teil des Lohnes zu verrechnen. (st. Rspr. **RAG** ArbRS 26, 217, 34, 147; 38, 197.) Ist der pfändbare Teil des Einkommens von anderen Gläubigern nachträglich gepfändet, wird der AG auf Grund der Fürsorgepflicht gehalten sein, die Tilgungsraten des Vorschusses zu verringern, damit der AN wenigstens den unbedingt notwendigen Lebensunterhalt bestreiten kann (vgl. Bischoff BB 1957, 434 Larenz Anm. zu AP Nr. 1 § 614). Unter Umständen wird auch auf Grund des § 850f. ZPO ein Ausgleich mit den Pfändungsgläubigern zu erstreben sein. Den Vorschüssen stehen Forderung aus Darlehn nicht gleich, wenn aus den Bedingungen, z. B. hinsichtlich der Verzinsung und Tilgung oder dem Zweck der Verwendung der Gelder auf den Willen der Partei, zur Gewährung eines Darlehns, nicht eines Vorschusses geschlossen werden muß. Für solche Darlehnsforderung wie andere Forderungen (Mieten, Heizungskosten) gilt das **Aufrechnungsverbot** der § 394 BGB und zwar auch dann, wenn der Lohn in Gestalt einer Schadensersatzforderung eingeklagt wird (**RAG** ArbRS 17, 452). Auch mit Forderungen auf Rückzahlung zuviel gezahlten Lohnes kann grundsätzlich nur außerhalb der Pfändungsgrenze aufgerechnet werden, es sei denn daß der AN bei Empfang des Lohnes bösgläubig war (vgl. Hueck Lehrbuch I 340; Nikisch I 314 a. M. **RAG** ArbRS 6, 22; 14, 898; 17, 214.) Dagegen gilt das Aufrechnungsverbot nicht gegenüber den Schadensersatzansprüchen der AG aus vorsätzlichen unerlaubten Handlungen und vorsätzlichen Vertragsverletzungen des AN (so überwiegende Meinung des Schrifttums gegenüber **RAG** 32, 297, das eine besonders sittenwidrige Schädigung fordert). Diese Grundsätze gelten auch für die vor der Fälligkeit vereinbarte Vergütung. Keine Aufrechnung ist die in §§ 615—617 BGB, §§ 63, 74, 76 HGB, §§ 9, 10 KSchG vorgesehene Anrechnung. Dagegen ist Aufrechnung auch die **Zurückbehaltung des Lohnes** wegen anderweiter Geldforderung (**RG** 85, 117 h. M.), sie ist also nur außerhalb der Pfändungsgrenze zulässig. Wohl aber kann der Dienstberechtigte die Zahlung der vereinbarten Vergütung wegen anderer nicht auf Geld gehenden Forderungen (Rückgabe von Werkzeug und dergleichen) zurückbehalten (**RAG** ArbRS 38, 356) und bei Erfüllungsverzug. Bei einer mehrfache Dienstleistungen umfassenden Tätigkeit kann aber dem Dienstverpflichteten die Vergütung für die vertragsmäßig geleisteten Dienste nicht aus dem Grunde verweigert werden, daß die anderen Dienste nicht vertragsmäßig waren, selbst wenn er für letztere keine Vergütung verlangen und bei Verschulden sogar schadensersatzpflichtig sein kann (**RG** 7. 12. 1920 III 439/19). Keine Zurückbehaltung ist der gesetzlich vorgeschriebene **Abzug** der Sozialversicherungsbeiträge und Steuern. Nachträglich können Sozialversicherungsbeiträge nur (anteilsmäßig) abgezogen werden, wenn den AG kein Verschulden trifft (§ 395 RVO) und dieser Grundsatz wird auch hinsichtlich der Steuern gelten müssen, sonst nur Aufrechnung außerhalb der Pfändungsgrenze (**RAG** ArbRS 14, 345, **LAG** Berlin BB 53, 443; Manheim AP 54 Nr. 164, Hamm AP Nr. 3 § 426). Die **Abtretung** kann zwar gemäß § 399 durch Einzelvertrag oder Betriebsvereinbarung oder Tarifvertrag ausdrücklich ausgeschlossen werden (**BAG** AP Nr. 1 zu § 399) für einen stillschweigenden Ausschluß müssen aber besondere Umstände vorliegen, er ist auch für Großbetriebe nicht als üblich zu unterstellen BGH AP Nr. 1 zu § 398 BGB. Die vertragsmäßige **Einbehaltung** (Beiträge zu einer betrieblichen Sozialeinrichtung, Gewerkschaftsbeiträge) ist außerhalb der Pfändungsgrenze zulässig. Über Lohneinbehaltungen für Vertragsbruch vgl. § 119a GewO § 10 LAO. Dagegen ist Aufrechnung der Abzug der Beträge für die gemäß § 115 II GewO gelieferten Lebensmittel u. sonstigen Gegenstände, Rundfunkgeräte, Elektro- und Gasapparate und sonstiger selbst hergestellter Gebrauchsgegenstände VO v. 16. 1. 1939 (RABl. I 57) und Miete für gestellte Wohnung (**RAG** ArbRS 18, 148).

Anm. 3

Eine **Ausgleichsquittung** muß eine eindeutige Erklärung dahin enthalten, daß dem Arbeitnehmer keinerlei Ansprüche mehr zustehen; dem AN muß erkennbar sein, daß es sich um eine endgültige Erledigung seiner Ansprüche handelt, sie ergreift dann auch solche Ansprüche, mit deren möglichem Bestehen der AN rechnete oder rechnen mußte (st. Rspr. **RAG** ArbRS 37, 197). Für tarifliche Ansprüche ist sie wirkungslos, auch wenn sie nicht nur laufend bei jeder Zahlung, sondern nach Beendigung des Arbeitsverhältnisses abgegeben ist, da nach § 4 IV TVG ein Verzicht auf Tarifansprüche nur noch mit Zustimmung der Tarifparteien zulässig ist. Ebenso ist auch die **Verwirkung** tariflicher Ansprüche ausgeschlossen, sie ist also möglich nur noch für die auf Gesetz, Betriebsvereinbarung oder Einzelvertrag beruhenden Ansprüche und für die Ansprüche der selbständig Tätigen. Über das Wesen der Verwirkung vgl. Vorbem. zu § 242.

Anm. 4

Zurückbehaltung der Dienstleistung ist berechtigt bei Vermögensverfall des Berechtigten (§ 321) oder bei Rückstand von bereits fälligen Lohnzahlungen (§ 273). Z. B. durch Sitzstreik, **LAG** München BB 1952, 465. Auch § 320 Abs. 2 (Gegenleistung bei verhätnismäßiger Geringfügigkeit des rückständigen Teiles der Dienstleistung) kann in Betracht kommen.

§ 615

Kommt der Dienstberechtigte mit der Annahme der Dienste in Verzug, so kann der Verpflichtete für die infolge des Verzugs nicht geleisteten Dienste die vereinbarte Vergütung verlangen, ohne zur Nachleistung verpflichtet zu sein. Er muß sich jedoch den Wert desjenigen anrechnen lassen, was er infolge des Unterbleibens der Dienstleistung erspart oder durch anderweitige Verwendung seiner Dienste erwirbt oder zu erwerben böswillig unterläßt.

E I 561 II 556; M 2 461—463; P 2 279.

Anm. 1

Der Anspruch aus § 615, der eine Einschränkung des § 614 enthält und ebenso wie dieser abweichender Vereinbarung unterliegt (s. unten), ist nicht ein Entschädigungs-, sondern ein **Erfüllungsanspruch,** setzt weder ein Verschulden des Dienstberechtigten noch einen Anspruch des Dienstverpflichteten auf Annahme der Dienste voraus und führt an sich nicht zur Aufhebung des Vertragsverhältnisses, erfordert aber, daß sich der Dienstpflichtige, und zwar nicht bloß beim Antritte der Dienste, sondern auch nach einer vorübergehenden Unterbrechung der bereits begonnenen Dienste und auch gegenüber einer vom Dienstverpflichteten für unberechtigt erachteten Kündigung, zur Dienstleistung dem Dienstberechtigten gegenüber mit Worten oder durch schlüssiges Verhalten z. B. Klageerhebung (**RAG** ArbRS 17, 84) bereit erklärt, es sei denn, daß ihm wegen der Form der Kündigung ein nochmaliges Angebot nicht zuzumuten ist (**RAG** ArbRS 19, 225). Gegenüber dem Erfüllungsanspruch, insbesondere auch im Falle einer unberechtigten Entlassung, ist ein Einwand aus § 254 nicht zulässig (**RAG** SeuffArch. 84 Nr. 45). Eine Einschränkung des Grundsatzes, daß der Dienstverpflichtete seine Dienste zur Verfügung des Dienstberechtigten halten muß, ergibt sich aus Satz 2 insofern, als danach im Falle des Annahmeverzugs des letzteren der Dienstverpflichtete zum mindesten berechtigt, in gewissem Umfange sogar verpflichtet ist, anderweitigen Erwerb zu suchen (**RAG** WarnRspr. 1929 Nr. 117). — In der Vereinbarung, daß der Dienstberechtigte die Dienste des Pflichtigen in Zukunft nicht mehr in Anspruch nehmen, ihm aber das Gehalt weiter zahlen wolle, kann indessen auch die endgültige Aufhebung des Dienstverhältnisses mit Vereinbarung einer Entschädigung liegen. Dann ist weder Satz 1 noch Satz 2 des § 615 anwendbar und der Dienstpflichtige auch nicht verpflichtet, sich zur Verfügung des Dienstberechtigten zu halten (**RG** WarnRspr. 1916 Nr. 219; **RG** LZ 1918 S. 384[16], 622[16]; vgl. auch Anm. 2). — § 615 enthält nachgiebiges Recht, unterliegt daher abweichender Vereinbarung, (st. Rspr.) jedoch enthält die Klausel, daß nur die tatsächlich geleistete Arbeit bezahlt werde, nicht in jedem Fall einen Ausschluß des Anspruchs aus § 615, sondern beschränkt sich auf eine Regelung des Anspruchs aus § 616, wenn die in dem Tarifvertrag angeführten Fälle nur Arbeitsversäumnis betreffen, die in der Person des AN ihren Grund haben; eine Regelung des Betriebsrisikos ist damit im allgemeinen nicht enthalten

(**RAG** ArbRS 10, 150; 38, 195). Ein Schadensersatzanspruch neben dem Erfüllungsanspruch des § 615 könnte in Frage kommen, wenn dem Dienstverpflichteten ein Recht auf Beschäftigung zusteht (vgl. § 611 Anm. 12).

Anm. 2

Bei **Annahmeverzug des Dienstberechtigten** (§§ 293ff.), der beispielsweise auch in der Nichtmitwirkung des Dienstberechtigten bei einer für die Bewirkung der Dienstleistung erforderlichen Handlung liegen kann (§ 295), bleibt der Anspruch des Verpflichteten auf die Vergütung für die infolge des Verzugs nicht geleisteten Dienste bestehen; statt dessen kann der Verpflichtete gegebenenfalls auch einen Anspruch auf Schadensersatz geltend machen (vgl. § 304 Anm. 1). Bei Dienstverträgen mit hohen Vergütungssätzen wird nicht selten durch Vereinbarung für den Fall vorzeitiger Kündigung der Erfüllungsanspruch ausgeschlossen und durch einen im Betrage begrenzten Entschädigungsanspruch ersetzt: § 615 Satz 2 kann dann keine Anwendung finden (**RG** WarnRspr. 1913 Nr. 137). Überhaupt treten bei der Verfolgung des Schadensersatzanspruchs an die Stelle von Satz 2 die Grundsätze über den Schaden. Da der Annahmeverzug ein Verschulden des Gläubigers nicht voraussetzt, steht ein bloßes subjektives Unvermögen des Dienstberechtigten zur Entgegennahme der Dienste z. B. infolge Einstellung des Geschäftsbetriebes, dem Annahmeverzug nicht entgegen. Er kommt aber nicht mit der Folge des § 615 in Annahmeverzug, wenn die Entgegennahme allgemein unmöglich, daher auch der Dienstverpflichtete außerstande ist, die Leistung zu bewirken (vgl. § 297). Dann verliert dieser, unbeschadet einer abweichenden Vereinbarung (s. oben), nach § 323 (s. unten) den Anspruch auf die Vergütung (**RG** JW 1938, 1392a, BGH 24, 92). — Der Annahmeverzug des Dienstberechtigten endigt erst, wenn er sich bereit erklärt, die Dienste als Leistung auf Grund des bestehenden Vertrags anzunehmen. Bei ungerechtfertigter Entlassung genügt daher nicht die Bereitwilligkeit zu einer „Wiederanstellung" (**RG** Gruchot 58, 929). — Wird die Leistung der Dienste dem Dienstpflichtigen unmöglich, dann finden die §§ 323ff., nicht § 615 Anwendung. Vorübergehende Unmöglichkeit kann ,namentlich bei längerer Dauer, der dauernden Unmöglichkeit gleichzustellen sein, die gemäß §§ 275, 323 die Auflösung des Dienstverhältnisses zur Folge hat (vgl. z. B. JW 1922, 1059[1]). Für das Arbeitsverhältnis gelten aber für den Fall der Unmöglichkeit auf seiten des Arbeitgebers wie des Arbeitnehmers die besonderen Grundsätze über die Tragung des Betriebsrisikos, s. § 611 Vorbem. 12.

Anm. 3

Für die **Anrechnung des Erwerbs** wird vorausgesetzt, daß dieser Erwerb (nicht nur Lohn) vom Dienstpflichtigen durch Verwendung desjenigen Teiles seiner Arbeitskraft gemacht worden ist, den er dem Dienstberechtigten zur Verfügung zu stellen verpflichtet war (**RG** 58, 404; JW 1903 Beil 11, 99 und für den Erwerb aus eigenem, selbständigen Geschäftsbetrieb **RAG** ArbRS 40, 231). Über die Anrechnung bei Dienstpflichtigen, die vertraglich berechtigt sind, sich in ihrer dienstfreien Zeit einen Nebenverdienst zu verschaffen, s. LZ 1922, 337[1]. Der in einem Teile der Vertragsdauer gemachte, besonders hohe anderweite Verdienst ist auf die für die ganze Vertragszeit entfallende Vergütung anzurechnen (**RG** 58, 402 BAG 5, 217). Für die Anrechnung trifft den Dienstberechtigten die Beweislast (**RG** SeuffArch. 61 Nr. 79; **RAG** ArbRS 40, 231). Auf das öffentliche Beamtenrecht findet § 615 Satz 2 keine Anwendung (**RG** 114, 131; **RG** WarnRspr. 1916 Nr. 31 **RG** HRR 1933 Nr. 1458; **RG** JW 1938, 599[38]). Eine Anwendung des § 254 ist nicht zulässig (vgl. Anm. 1).

Anm. 4

Böswilligkeit liegt nicht nur dann vor, wenn der Dienstverpflichtete die Übernahme einer anderweiten Tätigkeit in der Absicht, den Dienstberechtigten zu schädigen, ablehnt (so noch **RAG** ArbRS. 30, 113), er ist auch nicht verpflichtet sich besonders eifrig um die anderweite Verwendung seiner Arbeitskraft zu bemühen, insbesondere eine Arbeit zu übernehmen, die seiner bisherigen Tätigkeit und seinen persönlichen Verhältnissen (weite Anmarschwege, Trennung von der Familie) nicht entspricht

(WarnRspr. 1931 Nr. 192, RAG ArbRS 40, 231); er darf jedoch nicht im Hinblick auf den ihm noch zustehenden Lohn völlig untätig bleiben, sondern muß die üblichen Gelegenheiten (Inserate, Anfrage beim Arbeitsamt) zur Erlangung einer anderweiten Stellung ausnutzen, zumal wenn er mit einer längeren Dauer der Beschäftigungslosigkeit rechnen muß (ebenso Hueck I S. 299, Nikisch I 249).

§ 616

Der zur Dienstleistung Verpflichtete wird des Anspruchs auf die Vergütung nicht dadurch verlustig, daß er für eine verhältnismäßig nicht erhebliche Zeit durch einen in seiner Person liegenden Grund ohne sein Verschulden an der Dienstleistung verhindert wird. Er muß sich jedoch den Betrag anrechnen lassen, welcher ihm für die Zeit der Verhinderung aus einer auf Grund gesetzlicher Verpflichtung bestehenden Kranken- oder Unfallversicherung zukommt.

Der Anspruch eines Angestellten (§ 1 Abs. 1, 2 des Angestelltenversicherungsgesetzes) auf Vergütung kann für den Krankheitsfall nicht durch Vertrag ausgeschlossen oder beschränkt werden. Hierbei gilt als verhältnismäßig nicht erheblich eine Zeit von sechs Wochen, wenn nicht durch Tarifvertrag eine andere Dauer bestimmt ist.

E I 562 II 557; M 2 463; P 2 280. — Notverordnung vom 1. 12. 30 Teil 1 Kap. II Art. 3 mit Berichtigung (RGBl. I, 521 608); Notverordnung vom 5. 6. 31 erster Teil Kap. IV (RGBl. I, 281).

Übersicht

Gesetz zur Verbesserung der wirtschaftlichen Sicherung der Arbeiter im Krankheitsfalle

Vom 26. Juni 1957 (BGBl. 1957 I S. 649)

Auszug

Erster Abschnitt. Verpflichtung des Arbeitgebers zur Zahlung eines Zuschusses zu den Leistungen aus der Sozialvesicherung im Krankheitsfalle des Arbeiters.

§ 1. Grundsatz

(1) Ist ein Arbeiter infolge Krankheit an seiner Arbeitsleistung verhindert (Arbeitsunfähigkeit) ohne daß ihn ein Verschulden trifft, so hat er gegen seinen Arbeitgeber einen Anspruch auf Zahlung eines Zuschusses zu den Leistungen aus der gesetzlichen Kranken- oder Unfallversicherung. Der Zuschuß ist zu gewähren in Höhe des Unterschiedsbetrages zwischen dem Krankengeld einschließlich der Zuschläge aus der gesetzlichen Krankenversicherung oder dem Rechnungsbetrag des Krankengeldes einschließlich der Zuschläge, der zu zahlen wäre, wenn keine Krankenhauspflege gewährt würde, oder den entsprechenden Leistungen aus der gesetzlichen Unfallversicherung und neunzig vom Hundert des Nettoentgelts (§ 2). Durch Gesetz oder Satzung der Versicherungs-

träger vorgesehene Kürzungen (§ 189 Abs. 2 und § 192 der Reichsversicherungsordnung) werden bei der Berechnung des Zuschusses nicht berücksichtigt. Den Zuschuß hat der Arbeitgeber bis zu einer Dauer der Arbeitsunfähigkeit von sechs Wochen für die Tage zu zahlen, für die der Arbeiter Kranken- oder Hausgeld aus der gesetzlichen Krankenversicherung oder die entsprechenden Leistungen aus der gesetzlichen Unfallversicherung erhält.

(2) Der Zuschuß nach Absatz 1 wird erst nach vierwöchiger ununterbrochener Dauer des Arbeitsverhältnisses bei demselben Arbeitgeber gewährt.

§ 2. Nettoarbeitsentgelt

Nettoarbeitsentgelt im Sinne des § 1 ist das um die gesetzlichen Lohnabzüge verminderte Arbeitsentgelt. Der Berechnung wird das durchschnittliche Arbeitsentgelt während der letzten vier den Lohnperioden des Betriebs entsprechenden Wochen, bei Lohnempfängern mit teilmonatlicher oder monatlicher Lohnabrechnung das durchschnittliche Arbeitsentgelt des letzten Kalendermonats oder des entsprechenden Lohnabrechnungszeitraumes zugrunde gelegt.

§ 3. Beendigung des Arbeitsverhältnisses

(1) Der Anspruch auf den Zuschuß gemäß § 1 wird nicht dadurch berührt, daß der Arbeitgeber das Arbeitsverhältnis aus Anlaß der Arbeitsunfähigkeit kündigt. Das gleiche gilt, wenn der Arbeiter sein Arbeitsverhältnis aus einem vom Arbeitgeber zu vertretenden Grund kündigt, der den Arbeiter zur außerordentlichen Kündigung berechtigt.

(2) Endet das Arbeitsverhältnis vor dem Ablauf von sechs Wochen nach dem Eintritt der Arbeitsunfähigkeit, ohne daß es des Ausspruchs einer Kündigung bedarf, oder infolge einer Kündigung aus anderen als den in Absatz 1 bezeichneten Gründen, so erlischt der Anspruch des Arbeiters nach § 1 mit diesem Zeitpunkt.

§ 4. Nichtanrechnung von Versicherungsleistungen

Der Arbeiter ist nicht verpflichtet, sich auf den ihm nach § 1 zustehenden Zuschuß solche Beträge anrechnen zu lassen, die ihm für die Zeit der Arbeitsunfähigkeit aus einer privaten Kranken- oder Unfallversicherung zukommen, es sei denn, die Beiträge zu dieser Versicherung trägt der Arbeitgeber.

§ 5. Heimarbeit

(1) Die in Heimarbeit Beschäftigten (§ 1 Abs. 1 des Heimarbeitsgesetzes vom 14. März 1951 — Bundesgesetzbl. I S. 191) haben gegen den Auftraggeber oder Zwischenmeister Anspruch auf einen Betrag von eins vom Hundert des an sie ausgezahlten reinen Arbeitsentgeltes. Den gleichen Anspruch haben die in § 1 Abs. 2 Buchstaben a bis c des Heimarbeitsgesetzes bezeichneten Personen, wenn sie hinsichtlich der Entgeltregelung gleichgestellt sind.

(2) Der jeweilige Betrag ist mit dem Arbeitsentgelt auszuzahlen und gesondert in den Entgeltbeleg einzutragen.

(3) Unter reinem Arbeitsentgelt ist das Arbeitsentgelt vor Abzug der Steuern und Sozialversicherungsbeiträge, jedoch ausschließlich der Unkostenzuschläge zu verstehen. Für die Feststellung des reinen Arbeitsentgeltes sind im Zweifel die Eintragungen in dem Entgeltsbeleg maßgebend.

(4) Zur Sicherung der Ansprüche der von dem Zwischenmeister beschäftigten Heimarbeiter, Hausgewerbetreibenden und in Absatz 1 Satz 2 genannten Personen zahlt der Auftraggeber dem Zwischenmeister, wenn dieser den in Heimarbeit Beschäftigten gemäß § 1 Abs. 2 Buchstabe d des Heimarbeitsgesetzes hinsichtlich der Entgeltregelung gleichgestellt ist, den Betrag von eins vom Hundert des an ihn ausgezahlten reinen Arbeitsentgeltes ohne Zwischenmeisterzuschlag.

(5) Auf den in diesem Paragraphen vorgesehenen Betrag finden die Vorschriften des Heimarbeitsgesetzes über Mithaftung des Auftraggebers (§ 21 Abs. 2), über Entgeltschutz (§§ 23 bis 27) und über Auskunftspflicht über Entgelte (§ 28) entsprechende Anwendung.

§ 6. Abdingbarkeit

Die Vorschriften dieses Abschnittes können nicht zuungunsten des Arbeiters oder der in § 5 genannten Personen abgedungen werden.

§ 7. Sonstige Vorschriften über die Lohnfortzahlung bei unverschuldeter Verhinderung des Arbeitnehmers an der Arbeitsleistung

§ 4 der Anordnung zur Vereinheitlichung der Erziehungsbeihilfen und sonstigen Leistungen an Lehrlinge und Anlernlinge in der privaten Wirtschaft vom 25. Februar 1943 (Reichsarbeitsblatt Teil I S. 164) bleibt unberührt.

I. Lohnzahlung im Krankheitsfalle

Anm. 1

1. Die gesetzlichen Grundlagen

Der heutige Rechtszustand für die Fortzahlung des Lohnes im Krankheitsfalle beruht auf einer langen Entwicklung. Schon nach dem allgemeinen Handelsgesetzbuch von 1861 (jetzt § 63 HGB) hatte der Handlungsgehilfe bei Verhinderung der Leistung infolge unverschuldeten Unglücks, also insbesondere bei Erkrankungen einen unabdingbaren Anspruch auf Fortzahlung des Lohnes für 6 Wochen (der regelmäßigen Kündigungsfrist). Später wurde eine gleiche Regelung in § 133c Ges. für die Betriebsbeamten, Werkmeister und ähnlichen Angestellten getroffen. Auch das BGB (§ 616) gab in Abweichung von dem Grundsatz, daß Lohn nur für geleistete Arbeit zu zahlen sei, bei unverschuldeter Arbeitsbehinderung einen Anspruch auf Weiterzahlung des Lohnes, ließ indessen anderweite Regelungen zu, so daß praktisch infolge Einzelvereinbarung, betrieblicher oder tariflicher Regelung der alte Grundsatz, ohne Arbeit kein Lohn, im weiten Maße fortbestand oder zumindesten der Anspruch sowohl zeitlich wie der Höhe nach weitgehend beschränkt wurde, auch wurde die Bestimmung von der Rechtsprechung und der Rechtslehre dahin ausgelegt, daß bei längerer Erkrankung überhaupt kein Lohnanspruch, auch nicht für die nicht erhebliche Zeit bestehe (vgl. 10. Aufl. Anm. 1). Für Angestellte wurde die sich aus den genannten Gesetzbestimmungen ergebende unterschiedliche Behandlung im Jahre 1930 durch Einfügung des Abs. 2 in den § 616 beseitigt, so daß nunmehr alle Angestellten einen unabdingbaren Anspruch auf Fortzahlung des Lohnes für in der Regel 6 Wochen hatten. Das Gesetz vom 26. 5. 1957, das gemäß § 48 des Seemannsgesetzes auch für den Schiffsmann gilt, hat die erstrebte Gleichstellung für Arbeiter nicht gebracht, sondern aus wirtschaftlichen Erwägungen, vor allem mit Rücksicht auf die überwiegende Anzahl kleinerer und kleinster Arbeitgeber nur eine Anpassung ihrer wirtschaftlichen Sicherung im Krankheitsfalle an die der Angestellten gebracht und zwar auch nur, wenn ihr Arbeitsverhältnis länger als 4 Wochen bestanden hat. Ein Arbeiter, der in den ersten 4 Wochen erkrankt, erhält gemäß § 1 Abs. 2 des Gesetzes von seinem Arbeitgeber für diese Zeit keine Beihilfe, sondern bleibt nach wie vor auf das Krankengeld angewiesen. § 616 kann für ihn auch nicht hilfsweise herangezogen werden. Denn das Gesetz soll in Krankheitsfällen die wirtschaftliche Lage der Arbeiter gegenüber der bisherigen verbessern. Es gewährt aber für die beiden ersten Tage weder Krankengeld noch Zuschuß von dem AG, ersichtlich um den Arbeiter davon abzuhalten, bei jeder kleinen Erkältung oder Unwohlsein von der Arbeit fortzubleiben. Würde der § 616 Abs. 1 bei Arbeitsverhältnissen von kürzerer Dauer als 4 Wochen weitergelten und demgemäß der Arbeiter vom ersten Tage seinen vollen Lohn erhalten, so würde er sich besser stehen als die ständigen Arbeiter und der Anreiz zu nicht notwendigem Krankfeiern erhöht, namentlich wenn von vornherein die Beschäftigung nur vorübergehender Art ist. Das kann nicht der Sinn und Zweck des Gesetzes sein. Im übrigen dürfte im allgemeinen bei einer Beschäftigung von weniger als 4 Wochen die nicht erhebliche Zeit kaum über 2 Tage hinausgehen. Eine wesentliche Schlechterstellung der nur kurze Zeit Beschäftigten gegenüber dem ständigen Arbeiter, der auch für die beiden ersten Tage keinen Lohnzuschuß oder Krankengeld erhält, besteht also nicht. Andererseits erhält auch der unständige Arbeiter gemäß § 182 RVO in Fassung des Gesetzes wie der ständige Arbeiter das erhöhte Krankengeld (65—75% statt bisher 50%). Das Gesetz hat also auch für ihn eine Verbesserung gemacht. Aus alledem muß die Regelung des Gesetzes, namentlich des Abs. 2 des § 1 als eine abschließende angesehen werden, die eine Anwendung des § 616 auch für Arbeiter ausschließt (str.). Dies gilt um so mehr, wenn man mit BAG 5, 300 annimmt, daß nach dem Gesetze für jeden Arbeiter mit Begründung des Arbeitsverhältnisses ein Anspruch auf die Zuschußleistung gegenüber dem AG entsteht, der nur aufschiebend bedingt davon ist, daß vor oder nach Eintritt des Krankheitsfalles das Arbeitsverhältnis 4 Wochen bestanden hat, und daß von der fünften Woche ab der Zuschuß bis zum Ablauf von 6 Wochen nach Eintritt der Arbeitsunfähigkeit zu zahlen ist.

Anm. 2

2. Voraussetzungen des Anspruches. Sie sind für alle Gruppen von Angestellten und Arbeiter die gleichen.

a) **Arbeitsbehinderung** infolge Krankheit.

Sie liegt nicht nur vor, wenn die Arbeitsunfähigkeit durch irgendwelche Krankheitserscheinung hervorgerufen ist, sondern auch dann, wenn sie auf die natürlichen Begleiterscheinungen von Körperfunktionen wie Schwangerschafts- und Menstruationsbeschwerden beruht (**RAG** ArbRS. 42, 239). Darauf, ob die Krankheit erst während der Dienstzeit entstanden oder schon vorher bestanden hat, kommt es nicht an, wenn der AN seine bisher geleisteten Dienste einstellen muß. Anders dagegen, wenn er sie nicht aufnehmen kann. Denn im letzteren Falle besteht bei Arbeitern nach § 1 Abs. 2 des Gesetzes vom 26. 5. 1957 mindestens für die ersten 4 Wochen kein Anspruch auf Leistungen des AG, und es muß dies auch für die spätere Zeit und entgegen **RAG** ArbRS 36, 171; 38, 145 und der bisher herrschenden Meinung auch für die Angestellten (Handlungsgehilfen, Gewerbegehilfen und sonstigen Angestellten) gelten. Denn die Verpflichtung zur Zahlung des Lohnes im Krankheitsfalle ist ein Ausfluß der das Arbeitsverhältnis beherrschenden Treu- und Fürsorgepflicht, die den AG zu Leistungen auch ohne Leistung von Arbeiten verpflichtet. Diese Fürsorgepflicht kann aber nicht schon mit der Begründung des Arbeitsverhältnisses in vollem Umfange einsetzen, sondern erst wenn nähere persönliche Beziehung bestanden, der AN eine gewisse Zeit tätiges Mitglied der Betriebsgemeinschaft gewesen ist. Es würde eine Überspannung der Fürsorgepflicht sein, daß der AG einem Angestellten, der wohlmöglich nur auf eine schriftliche Bewerbung angestellt, in keiner Weise für ihn tätig gewesen ist, auf Grund der Vorschriften der §§ 63 **HGB**, 133c **GewO**, 616 Abs. 2 **BGB**, während 6 Wochen das volle Gehalt zahlen müßte, wenn dieser wegen plötzlich eingetretener Arbeitsunfähigkeit, sei es auf Grund einer schon länger bestehenden oder plötzlich aufgetretenen Erkrankung seine Dienste nicht aufnehmen und während der ganzen Zeit nicht leisten kann. Eine Beschränkung auf eine nicht erhebliche Zeit ist aber bei Angestellten gerade ausgeschlossen. Nur besondere Umstände, wie etwa, daß der AN durch den neuen AG zur Aufgabe seiner bisherigen Stellung veranlaßt ist, kann den Anspruch in diesem Falle rechtfertigen. Kannte der AN bei Abschluß des Vertrages seine Krankheit und mußte er damit rechnen, daß er nach der Arbeitsaufnahme alsbald arbeitsunfähig werden könnte, so hat er nach den Grundsätzen über Verschulden bei Vertragsschluß den Anspruch auf Zahlung des Lohnes während der Erkrankung verwirkt (vgl. **RAG** ArbRS 36, 177).

Anm. 3

Bei wiederholten Erkrankungen entsteht der Anspruch von neuem, wenn die Arbeitsbehinderung auf einer neuen Erkrankung im medizinischen Sinne beruht oder, falls sie auf dasselbe Grundleiden zurückzuführen ist, wenn der Dienstverpflichtete zwischen zwei Erkrankungen längere Zeit seinen Dienst verrichtet hat und daraus oder sonstwie eine zwischenzeitliche Ausheilung, wenn auch nicht in medizinischem Sinne, anzunehmen ist (**RAG** ArbRS 42, 3; 46. 122 **BAG** 3, 37, 4, 111).

Anm. 4

b) Weitere Voraussetzung ist bei allen 3 Gruppen, daß die Arbeitsunfähigkeit **nicht verschuldet** ist. Das bedeutet nicht, daß der AN gerade die ihm aus dem Vertrage obliegenden Pflichten verletzt hat, sondern daß er seine Unfähigkeit zur Dienstleistung nicht leichtfertig herbeigeführt, seine Gesundheit und seine Arbeitskraft nicht aufs Spiel gesetzt hat in der Erwartung, daß der Lohn ihm fortgezahlt werden müsse. Das wird bei sportlicher Betätigung nur vorliegen, wenn er übermäßig wagehalsig gewesen ist (**RAG** RArbSt. S. 35, 262; 42, 389); oder bei sogen. Vertragsspielern BAG AP Nr. 5 § 63 HGB. Bei Verkehrsunfällen nur bei groben Verstößen gegen die Verkehrspflichten, insbesondere bei Trunkenheit am Steuer (LAG Dortmund Arb RS 42, 394). Auch Schwangerschaftsbeschwerden infolge außerehelichen Verkehrs sind nicht in jedem Fall als Verschulden anzusehen (**RAG** ArbRS 42, 394). Das gilt auch bei Arbeitsbehinderungen infolge Geschlechtskrankheiten, falls sie nicht aus einem liederlichen Lebenswandel herrühren (so noch **RAG** ArbRS 6, 206).

Anm. 5

3. Art der Leistungen

Den Handlungs- und Gewerbegehilfen und sonstigen Angestellten ist der Lohn fortzuzahlen, der nach der Gestaltung des Arbeitsverhältnisses für die Zeit der Erkrankung als regelmäßiger Lohn anzusehen ist. Also wenn vor oder nach dieser Zeit regelmäßig Mehrarbeit geleistet wird, der Mehrarbeitslohn, bei verkürzter Arbeit der gekürzte Lohn (**RAG** ArbRS 45, 208; 46, 242), außerdem alle regelmäßigen Zuschläge, Prämien, Tantiemen, Provisionen in durchschnittlicher Höhe (**BAG** AP Nr. 4 § 634 GS), dagegen nicht, wenn der Vertreter Ausnahmegeschäfte macht. Bei Erkrankungen während eines unbezahlten Urlaubs kann kein Krankenlohn verlangt werden (**RAG** v. 21. 11. 1944 RAG 32/44). Bei Arbeitern hat dagegen der AG nur einen Zuschlag zu gewähren in Höhe des Unterschiedes zwischen den Leistungen aus der Krankenkasse (dem täglichen Krankengeld — 65—75% des Grundlohnes) und 90% des Nettoarbeitsentgeltes, d.h. des um die Lohnabzüge verminderten Arbeitsentgeltes während der letzten 4 Lohnperioden, berechnet nach Kalendertagen und nicht nach Arbeitstagen (**BAG** 5, 291), oder bei monatlicher Berechnung während der letzten 4 Kalendermonate. Es wird also nicht wie bei Angestellten auf den mutmaßlichen Verdienst während der Krankenzeit abgestellt, sondern auf den Verdienst in den letzten 4 Wochen vorher, wobei ebenfalls alle die genannten Zuschläge anzurechnen sind. Heimarbeiter erhalten 1% des reinen Arbeitsentgeltes (§ 5). Der Zuschuß ist arbeitsrechtlich als Lohn anzusehen, insbesondere hinsichtlich der Lohnpfändung, dagegen sind keine Versicherungsbeiträge und keine Lohnsteuer davon abzuführen (RVO § 383, § 10 II Lohnsteuer-Richtl.).

Anm. 6

4. Dauer der Leistung

Bei Angestellten ist der Krankenlohn vom Tage der Erkrankung ab auf die Dauer von 6 Wochen zu gewähren, bei Arbeitern jetzt auch auf die gleiche Dauer, aber erst von dem Tage ab, von dem ab das Krankengeld gewährt wird. Da nach § 182 RVO i. d. F. des Gesetzes v. 26. 5. 1957 das erst von dem 3. Tag ab geschieht, setzt die Zuschußleistung des Arbeitgebers auch erst von diesem Tage ab ein, so daß also der Arbeiter während der ersten beiden Tage der Arbeitsunfähigkeit weder Krankengeld noch den Zuschuß erhält, es sei denn, daß die Erkrankung länger als 2 Wochen dauert oder die Arbeitsunfähigkeit auf einen Arbeitsunfall oder eine Berufskrankheit beruht. Die Verpflichtung des AG auf Fortzahlung des Lohnes oder Leistung des Zuschusses geht nicht über das Ende des Arbeitsverhältnisses hinaus, sei es, daß dies befristet ist oder aus anderen Gründen als der Erkrankung fristgemäß oder fristlos gekündigt wird (§§ 72 II HGB, 133c GewO, § 3 des Ges.). Wird wegen der Erkrankung das Arbeitsverhältnis auf Grund des § 626 BGB gelöst, so bleiben die Verpflichtungen bis zum Ablauf der 6 Wochenfrist vom Tage der Erkrankung ab bestehen (**RAG** ArbRS 12. 483).

Anm. 7

5. Anrechnung anderer Leistungen

Während § 63 HGB, der noch aus der Zeit stammt, als es nur Privatversicherung, keine gesetzliche Krankenversicherung gab, die Anrechnung von Leistungen aus Kranken- und Lebensversicherungen untersagte, gebot der § 616 diese Anrechnung, soweit sie auf gesetzlicher Versicherungen beruhte. Beide Bestimmungen haben aber ihre Bedeutung verloren, seit dem durch § 189 RVO das Ruhen des Krankengeldes bei Fortzahlung des Lohnes im Krankheitsfalle vorgesehen ist. Dagegen dürfen nach § 4 des Gesetzes v. 26. 5. 1957 bei Berechnung des Zuschusses Leistungen aus privater Kranken- und Unfallversicherung nicht berücksichtigt werden, es sei denn, daß die Beiträge hierzu vom AG allein geleistet wurden. Das muß aus allgemeinen Grundsätzen (vgl. **BAG** 2, 23) auch für die Angestellten hinsichtlich Leistungen aus der Invalidenversicherung gelten. Auch wird der AG von seiner Leistungspflicht durch das Vorhandensein von Ansprüchen der AN gegen einen Dritten nicht befreit, doch kann er verlangen, daß dieser ihm etwaige Schadensersatzansprüche gegen Dritte zwecks eigener Geltendmachung abtritt. Dieser kann nicht einwenden, daß jenem infolge der Pflicht zur Fortzahlung des Lohnes kein Schaden entstanden ist (**BGH** 7, 30 [49]; 21, 3, vgl. auch AP Nr. 3 u. 4 zu § 616).

Anm. 8

6. Abdingbarkeit

Die Ansprüche auf Fortzahlung des Lohnes im Krankheitsfalle und Leistungen des Zuschusses können bei allen Gruppen der AN nicht abgedungen werden. Das schrieb schon § 63 HGB, § 133c GewO, § 616 Abs. 2 BGB vor, war aber für Arbeiter zulässig und fast die Regel. Diese Schlechterstellung der Arbeiter ist nunmehr durch das Gesetz v. 26. 5. 1957 beseitigt. Bestehen geblieben ist dagegen die Bestimmung des § 616 II, daß bei den sonstigen Angestellten die 6 Wochenfrist durch Tarifvertrag gekürzt, insbesondere gestaffelt werden kann. Eine solche Verkürzung dürfte indessen gegenüber dem Grundsatz des § 63 I 2 HGB § 103c Abs. 2 GewO und § 6 des Gesetzes nicht mehr angebracht sein und es wird daher Aufgabe der Sozialpartner sein, von solchen Tarifabreden möglichst abzusehen und damit die Gleichheit für alle AN herbeizuführen. Günstigere Regelungen in zeitlicher wie geldlicher Hinsicht bleiben bestehen und sind auch künftig zulässig. Indessen dürfen die zeitlichen und geldlichen Bestimmungen nicht isoliert und für den einzelnen Fall der Erkrankung betrachtet werden, sondern es muß ähnlich wie bei § 4 III TVG danach gefragt werden, ob insgesamt die gesetzliche oder vertragliche Regelung namentlich bei längeren Erkrankungen die günstigere ist. Schlechterstellung in einer Hinsicht kann sehr wohl durch Besserstellung in anderer Hinsicht, insbesondere der Dauer aufgewogen werden. Maßgebend wird also im allgemeinen der Gesamtwert der für die einzelnen Arbeitnehmergruppen denkbaren Leistungen sein müssen.

Anm. 9

7. Die Ansprüche auf Fortzahlung des Lohnes und des Zuschusses sind nicht davon abhängig, daß der AN seine Erkrankung unverzüglich anzeigt oder ein **ärztliches Zeugnis** vorlegt. Bei kurzen leichten Erkrankungen wird auf Grund der gegenseitigen Treupflicht ein solches nicht verlangt werden können, sonst genügt die Bescheinigung der Krankenkasse, die der Arbeiter zwecks Berechnung des Zuschusses ohnehin vorlegen muß, oder das ärztliche Zeugnis über die Arbeitsunfähigkeit. Ein eingehendes Zeugnis oder Zeugnis eines Amtsarztes oder eines vom AG bestimmten Vertrauensarztes — nicht des kassenärztlichen Vertrauensarztes, da eine solche Untersuchung nur von der Krankenkasse angeordnet werden kann — wird nur unter besonderen Umständen bei wiederholten Erkrankungen, bei ansteckenden Krankheiten (Tuberkulose) verlangt werden können.

Anm. 10

II. Lohnzahlung bei sonstigen Behinderungen

In Frage kommen Aufsuchen oder Vorladungen von Behörden, soweit der Lohnausfall nicht erstattet wird, schwere Erkrankungen von Familienangehörigen oder andere Familienereignisse (Tod, Geburt, Hochzeiten von Kindern und nächsten Verwandten) oder andere Ereignisse, die zwar die Arbeitsfähigkeit nicht unmittelbar beeinträchtigen, sondern nur an der Leistung der Dienste hindern (Feuerbrünste, Straßensperren) oder die Erfüllung der Dienstpflichten vorübergehend nicht zumutbar erscheinen lassen. Ein Teil dieser Fälle wird allerdings nicht als Unglück i. S. der §§ 63 HGB, 133c GewO) angesehen werden können, selbst wenn man mit **RAG** ArbRS 42, 389; **BGH** 7, 40) den Begriff sehr weit auslegt. Man wird indessen diese Bestimmungen ebenso wie des § 616 II und des Gesetzes v. 26. 5. 1957 nur als eine Sonderregelung für den Krankheitsfall ansehen müssen, während für alle sonstigen Behinderungen der

§ 616 Abs. 1 die Rechtsgrundlage bildet, so daß auch eine unterschiedliche Behandlung für Angestellte und Arbeiter vermieden wird. Diese Behinderungen werden, von seltenen Ausnahmen abgesehen, die im Hinblick auf die Dauer des Arbeitsverhältnisses und die beiderseitigen Verhältnisse (vgl. **RAG** ArbRS 14, 556; 25, 197; 37, 171) unerhebliche Zeit nicht überschreiten, so daß die früher umstrittene Frage (vgl. Anm. 1 der 10. Aufl. und **BAG** 2, 338) ob bei längerer Verhinderung der Anspruch ganz entfalle oder wenigstens der Lohn für die nicht erhebliche Zeit zu zahlen sei, keine Rolle mehr spielt. Fortzuzahlen ist der Lohn für die ausgefallene Zeit, nicht der Durchschnittsverdienst des vorherliegenden Zeitraumes. In allen Fällen ist aber zu prüfen, namentlich wenn die Behinderung nicht plötzlich und unerwartet eintritt, ob nicht gemäß § 4 AZO eine Verlegung der Arbeitszeit auf einen anderen Tag, d. h. die Vorleistung oder Nachholung der ausgefallenen Arbeitszeit möglich ist (vgl. Denecke AZO § 4 Anm. 5 u. 6). Auch wenn die Voraussetzungen des § 4 AZO nicht gegeben sind, so wird doch auf Grund der gegenseitigen Treupflicht der AN verpflichtet sein, auf Wunsch des AG die ausgefallene Zeit nachzuholen, soweit dies mit den Arbeitsschutzvorschriften (§§ 11, 12, 17—19 AZO) vereinbar ist.

Anm. 11

III. Sondervorschriften

Für werdende und stillende Mütter sind in dem Mutterschutzgesetz v. 24. 1. 1952 (BGB § 69) Sondervorschriften für die Lohnzahlungen in den Zeiten, in denen sie vor und nach der Niederkunft an der Arbeitsleistung behindert sind, getroffen worden (vgl. **BAG** 1, 140).

Der an einen auf einen Wochentag fallenden gesetzlichen Feiertag ausfallende Lohn ist nach dem Gesetz v. 2. 8. 1951 (BGB 439) zu erstatten (vgl. Denecke AZO Anm. 7—16 zu § 105a GewO).

§ 617

Ist bei einem dauernden Dienstverhältnisse, welches die Erwerbstätigkeit des Verpflichteten vollständig oder hauptsächlich in Anspruch nimmt, der Verpflichtete in die häusliche Gemeinschaft aufgenommen, so hat der Dienstberechtigte ihm im Falle der Erkrankung die erforderliche Verpflegung und ärztliche Behandlung bis zur Dauer von sechs Wochen, jedoch nicht über die Beendigung des Dienstverhältnisses hinaus, zu gewähren, sofern nicht die Erkrankung von dem Verpflichteten vorsätzlich oder durch grobe Fahrlässigkeit herbeigeführt worden ist. Die Verpflegung und ärztliche Behandlung kann durch Aufnahme des Verpflichteten in eine Krankenanstalt gewährt werden. Die Kosten können auf die für die Zeit der Erkrankung geschuldete Vergütung angerechnet werden. Wird das Dienstverhältnis wegen der Erkrankung von dem Dienstberechtigten nach § 626 gekündigt, so bleibt die dadurch herbeigeführte Beendigung des Dienstverhältnisses außer Betracht.

Die Verpflichtung des Dienstberechtigten tritt nicht ein, wenn für die Verpflegung und ärztliche Behandlung durch eine Versicherung oder durch eine Einrichtung der öffentlichen Krankenpflege Vorsorge getroffen ist.

P 2 284—289.

Anm. 1

Fürsorge im Krankheitsfalle. Zwangsvorschrift (§ 619) mit Rücksicht auf die Lage des wirtschaftlich Schwächeren. Die Vorschrift kommt für Selbständige nicht in Betracht, da die Voraussetzungen bei ihnen nicht gegeben sind; denn die Aufnahme in die häusliche Gemeinschaft bedeutet immer eine Einordnung und Unterordnung; solche Dienstverpflichteten sind aber Arbeitnehmer. Zu diesen gehören auch die Hausgehilfen; die besonderen Vorschriften der Gesindeordnungen sind aufgehoben. In gewissem Maße sind an ihre Stelle getreten die Richtlinien des BMA über die Regelungen der Arbeitsbedingungen (ohne Löhne) von Hausgehilfinnen v. 22. 5. 1952 BABl. 289, soweit nicht tarifliche Regelungen Geltung haben. Ferner ist sie mangels besonderer Vorschriften des HGB und der GewO, für Handlungsgehilfen usw. sowie für gewerbliche Arbeiter anwendbar, aber kaum noch praktisch. Vgl. auch SeemannG v. 26. 5. 1957 (GBl. II 713 § 42ff. Der Dienstberechtigte haftet über den § 617 hinaus auf vollen Schadensersatz wegen eines von ihm zu vertretenden Umstandes, insbesondere wegen Verletzung der ihm nach § 618 obliegenden Pflichten.

Anm. 2

Voraussetzungen dieser Verpflichtung des Dienstberechtigten sind also: dauerndes Dienstverhältnis mit vollständiger oder hauptsächlicher Inanspruchnahme des Verpflichteten und mit Aufnahme in die häusliche Gemeinschaft (Wohnung und Kost; Zurverfügungstellung eines Zimmers oder Gewährung einer Mahlzeit genügt nicht) des Berechtigten, Ausbruch der Krankheit nach Aufnahme in diese Gemeinschaft, aber auch bei Verschlimmerung einer früheren Krankheit (**RAG** ArbRS 36, 172). — Hierauf erstreckt sich auch die **Beweislast** des Verpflichteten, während der Berechtigte die Ausschlußgründe: vorsätzliche oder fahrlässige Herbeiführung der Krankheit durch den Verpflichteten, Fürsorge durch Versicherung oder eine Einrichtung der öffentlichen Krankenpflege, nachzuweisen hat.

Anm. 3

Wahlrecht des Dienstberechtigten, ob er die Fürsorge im Hause oder in einer Krankenanstalt gewähren will. Der Dienstverpflichtete hat bei Nichterfüllung der im § 617 bestimmten Pflicht außer dem Anspruche auf Fürsorge oder auf Schadensersatz im Falle eigener Deckung der Kosten den Ersatzanspruch an den Berechtigten und kann nach § 626 (Schadensersatz § 628 Abs. 2) fristlos kündigen.

Anm. 4

Ob für diese Zeit eine Vergütung überhaupt zu entrichten ist, bestimmt sich nach § 616 und dem Gesetz v. 26. 5. 1957 vgl. Anm. zu § 616.

Anm. 5

Wird das Dienstverhältnis **wegen der Erkrankung von dem Dienstberechtigten** nach § 626 **gekündigt,** so bleibt der in Satz 1 angeführte Anspruch des Verpflichteten auf Verpflegung und ärztliche Behandlung bis zur Dauer von sechs Wochen, jedoch nicht über die vereinbarte Dauer des Dienstverhältnisses hinaus, bestehen.

Anm. 6

Vgl. die **Reichsversicherungsordnung,** insbesondere §§ 165ff., 416ff. (Krankenversicherung), §§ 537ff. (Gewerbe-Unfallversicherung), §§ 915ff., 161 (Land- und forstwirtschaftliche Unfallversicherung), §§ 1046ff. (See-Unfallversicherung). Die Vorschrift des Abs. 2 findet aber auch auf private Versicherungen (anders § 616) und ohne Unterschied, wer die Beiträge zur Versicherung zahlt, Anwendung, Beweislast s. Anm. 2.

§ 618

Der Dienstberechtigte hat Räume, Vorrichtungen oder Gerätschaften, die er zur Verrichtung der Dienste zu beschaffen hat, so einzurichten und zu unterhalten und Dienstleistungen, die unter seiner Anordnung oder seiner Leitung vorzunehmen sind, so zu regeln, daß der Verpflichtete gegen Gefahr für Leben und Gesundheit soweit geschützt ist, als die Natur der Dienstleistung es gestattet.

Ist der Verpflichtete in die häusliche Gemeinschaft aufgenommen, so hat der Dienstberechtigte in Ansehung des Wohn- und Schlafraums, der Verpflegung sowie der Arbeits- und Erholungszeit diejenigen Einrichtungen und Anordnungen zu treffen, welche mit Rücksicht auf die Gesundheit, die Sittlichkeit und die Religion des Verpflichteten erforderlich sind.

Erfüllt der Dienstberechtigte die ihm in Ansehung des Lebens und der Gesundheit des Verpflichteten obliegenden Verpflichtungen nicht, so finden auf seine Verpflichtung zum Schadensersatze die für unerlaubte Handlungen geltenden Vorschriften der §§ 842 bis 846 entsprechende Anwendung.

E II 558 Abs. 1 III 610 Abs. 1; M 2 460; P 2 289ff

Übersicht

Anm. 1

Geltungsbereich und rechtliche Natur der nach § 619 zwingenden Vorschrift.

a) Die Bestimmungen des Abs. 1 und 3 gelten sowohl für das Dienstverhältnis der selbständig Tätigen, wie für das Arbeitsverhältnis, während der Abs. 2 nur für das letztere Bedeutung hat. Für das Dienstverhältnis der selbständig Tätigen bedeuten sie weitere, neben der Verpflichtung zur Zahlung der vereinbarten Vergütung bestehende Leistungen, während sie für das Arbeitsverhältnis nur eine nähere Bestimmung der dem Arbeitgeber obliegenden Fürsorgepflicht enthalten. Danach ist auch der Umfang der Pflicht aus § 618 zu beurteilen. Ein Anspruch auf Schutz gegen jede Gefahr besteht nicht. Für Gefahren, die auch bei Anwendung der verkehrsüblichen Sorgfaltspflicht nicht auszuschließen sind, wie z. B. Glätte eines Linoleumbelags trotz sorgfältigster Behandlung hat der Dienstberechtigte nicht einzustehen; hier hat vielmehr der Dienstverpflichtete das Seinige zur Vermeidung von Unfällen zu tun (**RAG** ArbRS 9, 382; 14, 553; 28, 126; 36, 428). Die Fürsorgepflicht darf also nicht überspannt werden. Bei sog. Unternehmerarbeitern, die für ihren Arbeitgeber in dem Betrieb eines anderen tätig und in diesen eingegliedert sind, hat neben dem Arbeitgeber auch der andere Unternehmer die Pflichten (auf Grund eines stillschweigenden Vertrages) zu erfüllen, so daß also der geschädigte Arbeiter unmittelbar auch gegen ihn Schadensersatzanspruch erheben kann (**RAG** ArbRS 33, 61, 140; 10, 459; **RG** 170, 217; 171, 393; 172, 206; **BGH** 8, 333; 21, 114). Hinsichtlich der im öffentlichen Dienst tätigen Arbeitnehmer können sich aus den Besonderheiten ihres Arbeitsverhältnisses ebenso wie bei den Beamten erhöhte Fürsorgepflichten ergeben, wenn auch die allgemeinen Grundsätze in Hinsicht des § 618 BGB die gleichen sind (**RAG** ArbRS 28, 109). Die Vorschrift des § 618 ist auf einen Werkvertrag entsprechend anzuwenden, wenn der Unternehmer zur Erfüllung seiner Verpflichtung Räume des Bestellers betreten muß und infolge ihrer Beschaffenheit einen tödlichen Unfall erleidet, **RG** 159, 208; **BGH** 5, 63 und bei sonstigen dienstähnlichen Leistungen **BGH** 16, 265.

Anm. 2

b) Auch den **öffentlichen Beamten** gegenüber bestehen auf Grund der Fürsorgepflicht der vorgesetzten Behörde (§ 36 DBG § 7 **BBG**) (vgl. Vorbem. 42) dem § 618 entsprechende Verpflichtungen des Staates, der Gemeinden und anderer öffentlicher Körperschaften zur Beschaffung geeigneter, das Leben und die Gesundheit der Beamten nicht gefährdender Arbeitsräume und Werkzeuge (**RG** 92 S. 178, 308; 95, 103; 145, 182), sowie zur Erteilung der erforderlichen Anweisungen (**RG** JW 1908, 448[11]). Dabei handelt es sich aber (vgl. Vorbem. 42) nicht um eine entsprechende Anwendung des nur bürgerliche Dienstverhältnisse betreffenden § 618 auf das anders geartete öffentliche Beamtenrecht, sondern um die Schöpfung einer Rechtsregel des öffentlichen

Rechtes aus einem auch dem § 618 zugrunde liegenden allgemeinen Rechtsgedanken, den die Gerichte rechtsschöpferisch in das öffentliche Recht eingeführt und nach dessen inneren Besonderheiten und Erfordernissen, also unabhängig vom Inhalt des § 618 und über ihn hinaus, entwickelt, begrenzt und angewendet haben (st. Rspr. **RG** 141, 385). Haftungsgrundlage ist aber nur die Fürsorgepflicht, nicht § 839 BGB, vgl. § 89 Anm. 7 u. Idel NJW 51, 1360. Zur Abstellung gesundheitsschädlicher Mängel in Diensträumen ist die Behörde auch ohne Beschwerde des Beamten oder Angestellten verpflichtet; bei der Würdigung eines mitwirkenden Verschuldens ist zu beachten, daß man von einem Beamten (zumal einem unteren) nicht die rücksichtslose Durchführung einer Beschwerde erwarten kann (**RG** HRR 1934 Nr. 1512). Pflicht einer Stadtgemeinde zur Herabminderung einer Ansteckungsgefahr, in der die Beamten bei ihrer dienstlichen Tätigkeit, z. B. Wohlfahrtsbeamte beim dienstlichen Verkehr mit Tuberkulosekranken, schweben, s. **RG** JW 1936, 2213[2]. Schutz der Beamten einer staatlichen Tuberkuloseheilanstalt s. **RG** WarnRspr. 1937 Nr. 63. Hierher gehört auch die Rücksichtnahme auf Beamte mit geschwächter Gesundheit und verminderter Widerstandsfähigkeit gegen schädigende Einwirkungen des Dienstes, soweit es die Art des Dienstes und das Interesse des Dienstbetriebs zuläßt (**RG** 10. 3. 1922 III 403/21). Ebenso entspricht die Anwendung der hier aufgestellten Grundsätze auf Dienstwohnungen der ständigen Rechtsprechung des Reichsgerichts (**RG** 71, 243; WarnRspr. 1912 Nr. 250). Unmittelbare Haftung des Staates gegenüber den Familienangehörigen des Inhabers einer Dienstwohnung, die infolge gesundheitsschädlicher Beschaffenheit der Räume erkranken, s. **RG** 91, 21. Eine allgemeine Beratungs- und Belehrungspflicht des Staates gegenüber seinen Beamten läßt sich nach dem gegenwärtigen Stand der Gesetzgebung nicht begründen; eine erbetene Beratung oder Belehrung muß natürlich richtig und sorgfältig erteilt werden (**RG** JW 1937, 1156[13] **BGH** 7, 70). Entsprechend dem in § 278 für das bürgerliche Recht aufgestellten Grundsatz haftet auch der Staat (die Gemeinde) regelmäßig für das Verschulden der Personen, deren er (sie) sich zur Erfüllung seiner (ihrer) Verpflichtungen bedient (**RG** 137, 81; 141, 390; **RG** JW 1936, 2213[2]) über eine Gefahrenhaftung des Staates bei Übertragung der Überwachung eines Gefangenen an eine Privatperson gegenüber dieser Person und ihren unterhaltsberechtigten Angehörigen. Die soziale Fürsorge für das gesundheitliche Wohl eines Beamten darf nicht an der wirtschaftlichen Zumutbarkeit der erforderlichen Maßnahmen scheitern (HRR 1934 Nr. 1198). Bei der Abwägung beiderseitigen Verschuldens nach § 254 ist auch hier (s. unten Anm. 7) zu beachten, daß das grundlegende Verschulden regelmäßig den Dienstberechtigten trifft (**RG** JW 1936, 2213[2]). Wird ein Beamter durch Verschulden der Behörde dienstunfähig und in den Ruhestand versetzt, so erstreckt sich ein Schadensersatzanspruch auch darauf, daß nach seinem Tode seine Hinterbliebenen die gesetzlichen Hinterbliebenenbezüge erhalten, dies selbst dann, wenn er erst im Ruhestande geheiratet hat, vorausgesetzt nur, daß er in diesem Zeitpunkt noch im Dienste gewesen wäre, wenn er nicht infolge des Verschuldens der Behörde vorzeitig hätte ausscheiden müssen (**RG** 14. 3. 1933 III 302 u. 378/32). Über die Verwirkung von Ansprüchen eines Beamten aus Verletzung der Fürsorgepflicht (§ 618) seiner Vorgesetzten s. **RG** 158, 235.

Anm. 3

2. Räume. Die Vorschrift gilt auch außerhalb der eigentlichen Betriebsräume (**RG** JW 1911, 757[13]), für Höfe, Treppen, Gänge und für Zugänge zur Arbeitsstätte (**RG** 80, 27; JW 1910, 148[10]; 1922, 1005[2]), sowie zu den Arbeitsräumen, des Wohnheimes (**BAG** AP Nr. 1 zu § 618), ingleichen für Flure und für den Zugang zum Abort (**RG** Gruchot 48, 346; JW 1907, 673[7]), zum Keller (**RG** JW 1910, 280[6]), nicht für öffentliche Wege und sonstige Zugänge, auf denen der Dienstpflichtige außerhalb des seine Arbeitsstätte enthaltenen Grundstücks zu dieser gehen muß (**RG** Gruchot 46, 931, anders nach § 543 RVO), wohl aber für Fabrikstraßen auf dem Gelände des dienstberechtigten Unternehmers (**RG** SeuffArch. 81 Nr. 5: Schutz gegen ausströmende Giftgase). Bei mangelhafter Verwahrung der Schachtöffnung eines noch nicht fertiggestellten Aufzugs s. **RG** Gruchot 64, 476. Schutz gegen Gefahren, die aus Bränden in Geschäftsräumen entstehen, insbesondere Offenhaltung von Ausgängen, s. **RG** JW 1903

Beil. 57[133]. Kein Anspruch des Dienstpflichtigen wegen Ausgleitens auf einer ordnungsmäßigen, aber am Morgen (zur Zeit des Unfalls) noch nicht gesäuberten Treppe (**RG** JW 1910, 282[9]; 1912, 529[6]). An das Innere einer Privatwohnung sind nicht dieselben Anforderungen in bezug auf Verkehrssicherheit zu stellen, wie etwa an Flur und Treppen in öffentlichen Gebäuden, die dem allgemeinen Verkehr offen stehen (**RG** JW 1935, 273[2]). — Auch eine an sich ordnungsmäßige Anlage kann Schutzvorkehrungen erfordern, wenn großer Verkehr, stärkere Abnutzung oder wiederholte Unfälle eine Gefahr für die dort verkehrenden Personen erkennen lassen (**RG** 27. 2. 1917 III 341/16). — Nach § 618 haftet auch der Theaterunternehmer den Schauspielern, Sängern und anderen Angestellten für die Verkehrssicherheit der Theaterräume und der Zugänge zu ihnen, so für die Sicherheit des Bühnenraums (**RG** WarnRspr. 1919 Nr. 164), des Zugangs zu den Ankleideräumen (**RG** WarnRspr. 1918 Nr. 52), des Weges zum Verlassen des Theaters (**RG** WarnRspr. 1917 Nr. 240). Dabei kann allerdings die Verhütung von Gefahren, die mit dem Betriebe und mit der Einrichtung des Theaters regelmäßig verbunden und deshalb den Angehörigen des Theaters bekannt sind, nicht verlangt werden, solange nur mit einem Verkehr solcher Personen zu rechnen ist. Wohl aber muß zu ihren Gunsten dafür gesorgt werden, daß nicht unerwartete Gefahren sich dem Verkehr entgegenstellen, z. B. Gegenstände derart hingelegt werden, daß sie leicht übersehen werden und Personen zu Fall bringen können (**RG** WarnRspr. 1917 Nr. 240, 1920 Nr. 81). — Die Schutzvorschrift des § 618 kommt auch Familienangehörigen zu gute, wenn diese nach den Abmachungen der Parteien berechtigt sind, sich während der zu leistenden Dienste in den Räumen aufzuhalten (**RG** 159, 283). Bei zugewiesener Dienstwohnung erstreckt sich die Fürsorgepflicht auch auf die ordnungsmäßige Einrichtung und Unterhaltung der Wohnräume und Sicherung des Zugangs dieser Wohnungen (Streuen bei Glatteis) (**RAG** ArbRS 39, 413, **BAG** AP Nr. 1 zu § 618). Die Haftung des Dienstberechtigten erstreckt sich aber nicht auf Räume, in denen der Dienstpflichtige nichts zu suchen hat oder deren Betreten ihm verboten ist (**RG** Gruchot 53, 968; WarnRspr. 1909 Nr. 205). — Vgl. auch die Pflichten des Unternehmers nach dem Gesetz über die Unterkunft bei Bauten v. 13. 12. 1934 (RGBl. I, 1234) mit AusfVO v. 24. 10. 1938 (RGBl. I, 1516).

Anm. 4

3. **Vorrichtungen oder Gerätschaften.** Vorrichtungen beim Fensterputzen: Tritt, Fensterstuhl (**RG** 21. 2. 1907 III 327/06). — Mangelhaftes Geländer (**RG** 25. 1. 1907 III 327/06). — Mangelhafte Leiter (**RG** WarnRspr. 1917 Nr. 12). (Kein eigenes Verschulden des abgestürzten Hausgehilfen, der mit Kenntnis der Schadhaftigkeit der Leiter diese auf besonderes Geheiß des Dienstherrn besteigt.) Fehlen von Handgriffen an einer Pendeltür (**RG** WarnRspr. 1919 Nr. 33). Ferner: Schutzbrille (**RG** 5, 101; 11, 23). Mangelnde Schutzvorrichtung beim Läuten der Kirchenglocken (**RG** JW 04, 383). Untauglichkeit eines Bühnenwagens (**RG** WarnRspr. 1913 Nr. 287); Vornahme gefährlicher Arbeiten während einer Bühnenprobe (**RG** WarnRspr. 1920 Nr. 81). Nimmt der Dienstberechtigte den Dienstverpflichteten zu einer geschäftlichen Wagenfahrt mit, oder stellt er ihm einen Kraftwagen zur Verfügung, so hat er ihn gegen Gefahren soweit wie möglich zu schützen und haftet aus einem Kraftwagenunfall auch für Verschulden des Fahrers und sonstiger Erfüllungsgehilfen (**RAG** ArbRS 25, 115; 31, 31 **BGH** RDA 52, 272 [für Betriebsratmitglieder]).

Anm. 5

4. Vorausgesetzt wird hier, daß der Dienstberechtigte zur **Beschaffung** der Räume, Vorrichtungen und Gerätschaften **verpflichtet** ist. Das schließt aber keineswegs eine Haftung des Dienstberechtigten nach § 618 in den Fällen aus, in denen der Dienstpflichtige die Sachen, deren er zur Leistung der Dienste bedarf, sich selbst beschaffen muß. Denn die Regelung der Dienstleistungen, die unter seiner Anordnung oder seiner Leistung vorzunehmen sind (Anm. 6), liegt dem Dienstberechtigten auch in diesem Falle ob (vgl. **RG** JW 1917, 969[8]. In bezug auf die von ihm zu beschaffenden Vorrichtungen und Gerätschaften muß ferner der Dienstberechtigte nicht nur für die Einrichtung und Unterhaltung sorgen, sondern er muß auch ihre Benutzung so

regeln, daß der Dienstpflichtige gegen die mit ihr verbundenen Gefahren nach Möglichkeit geschützt ist (RG JW 1920, 377[7]: Verschließung der Tür eines Fahrstuhlschachts). — Ob der Dienstberechtigte zur Beschaffung, z. B. einer Einrichtung, verpflichtet ist, dafür ist maßgebend, ob nach den Anforderungen eines ordnungsmäßigen Verkehrs im einzelnen Falle ein solche Einrichung erforderlich ist, und diese Frage ist zunächst vom Dienstberechtigten zu prüfen (**RG** 12, 130; 19, 191; **RG** JW 01, 213[19]; **RG** Gruchot 48, 909). Bei vorhandener Gefährlichkeit ist es Sache des Dienstberechtigten, sich nach Abhilfemaßnahmen zu erkundigen. Die Unterlassung solcher Erkundigung kann jedoch nur dann fahrlässig sein, wenn der Dienstberechtigte die Gefährlichkeit erkennt oder bei Anwendung der verkehrsmäßigen Sorgfalt erkennen muß ((**RG** JW 1912, 529[6]). Bei Kenntnis der Gefährlichkeit hat der Dienstberechtigte auch die Verpflichtung, den Dienstverpflichteten, der die Gefahr nicht kennt, auf diese aufmerksam zu machen (**RG** JW 1917, 969[8]) und über die Art und Weise, wie ihr begegnet werden kann, zu belehren (**RG** JW 1920, 377[7]; **RG** Gruchot 62, 616). — Der Dienstberechtigte muß mit dem Leichtsinn der Leute rechnen und selbst die Vorkehrungen treffen, die nötig sind, um sie gegen Gefahren für Leib und Leben zu schützen (**RG** Gruchot 62, 111; **RAG** ArbRS 39, 403). Ein ernstliches Verbot der Benutzung gefahrbringender Gerätschaften genügt nicht immer, um den Dienstberechtigten zu entlasten (**RG** JW 1917, 969[8]). Läßt der Dienstberechtigte zur Beseitigung der Gefahr eine Arbeit durch andere Personen vornehmen, z. B. eine Treppe reinigen, so muß er sich auch davon überzeugen, daß die Arbeit ordnungsmäßig vorgenommen, die Gefahr beseitigt ist (**RG** WarnRspr. 1916 Nr. 103). Die Haftung selbst ist eine vertragsmäßige und daher auch der § 278 anwendbar (**RG** 77, 408; 127, 218). So haftet der Dienstherr nach §§ 278, 1357 für das Verschulden seiner Frau, die der Hausgehilfin Anweisungen erteilt (**RG** JW 1906, 460[15]) oder mangelhafte Gerätschaften, z. B. eine fehlerhafte Leiter zur Benutzung überläßt (**RG** WarnRspr. 1917 Nr. 12; s. auch **RG** 95, 103; **RG** LZ 1917, 1132[5]). Dagegen ist, wenn der Dienstherr mit einer bestimmten Arbeit, z. B. Fensterreinigen, mehrere Personen beauftragt, nicht jede dieser Personen als Erfüllungsgehilfe des Dienstherrn in bezug auf seine Pflichten aus § 618 gegenüber den anderen anzusehen (**RG** 106, 293). Zur Frage der Haftung des Inhabers einer Privatwohnung für Schäden, die häusliche Arbeitnehmer durch die Schadhaftigkeit von Haushaltsgegenständen erleiden, s. **RAG** ArbRS 33, 191 (Umfallen eines Schrankes). —

Anm. 6

5. Regelung der Dienstleistungen. Zwar ist nach § 56 BetrVG der AG bei Erlaß von Regelungen zur Ordnung des Betriebes und des Verhaltens der AN im Betrieb an das Einverständnis der Betriebsvertretung gebunden, er trägt aber die Verantwortung dafür, daß die erforderlichen, dem Schutze der AN dienenden Anweisungen getroffen werden und hat bei mangelnder Zustimmung die Einigungsstelle zwecks bindender Festsetzung solcher Ordnungen anzurufen, er wird von seiner Verantwortung nur frei, wenn die Einigungsstelle seinen Anträgen nicht stattgegeben hat. Bei Anweisungen im einzelnen Fall, bei nicht regelmäßig wiederkehrenden Arbeiten, bei denen eine Mitwirkung der Betriebsvertretung und das umständliche Einigungsverfahren nicht in Frage kommt oder bei Fehlen einer Betriebsvertretung (§ 8 BetrVG) trägt er aber die alleinige Verantwortung und kann sich nicht darauf berufen, daß der betreffende AN oder die übrigen Schutzvorkehrungen nicht für erforderlich gehalten oder nicht gewünscht haben; er muß gerade in solchen Fällen sich darum kümmern, ob die von ihm angeordneten Schutzmaßnahmen beachtet werden, er darf auch nicht neben einem Verfahren, das Sicherheit gegen die Gefahr bietet, ein anderes zulassen, bei dem dies nicht der Fall ist (**RG** JW 07, 249). Das Ausmaß seines Verschuldens ergibt sich in solchen Fällen aus § 254.

Einzelfälle. Haftung des Dienstherrn für den Unfall eines Hausgehilfen beim Fensterputzen, wenn dieses mit Wissen des Dienstherrn vom äußeren Fensterbrett ausgeführt worden ist (**RG** JW 1904, 290[12]; 1907, 249[10]; WarnRspr. 1909 Nr. 447). Die Haftung des Lehrherrn bei Verletzung des Lehrlings (**RG** JW 1913, 372[4]) unter der Obhut eines mit der erforderlichen Anweisung nicht versehenen Gesellen (**RG** 34, 1) oder wegen unvorsichtigen Handelns seines Vertreters bei Beaufsichtigung des Lehrlings (**RG** JW 1909, 685[7]; **RG** 77, 408). Verpflichtung des Gewerbeunternehmers zur Beseitigung einer die Gesundheit der Arbeiter gefährdenden Staubentwicklung, **RG** LZ 1917, 1341[10], **RAG** ArbRS 33, 61 (GewO § 120a). Verpflichtung des Unternehmers einer Steindruckerei, die Gefolgschaft, die mit Säuren umgehen muß, gegen die daraus für die Gesundheit erwachsenden Gefahren zu schützen s. **RAG** ArbRS 28, 126. Verpflichtung des Lichtspielunternehmers, den Darsteller über besondere, dem letzteren nicht erkennbare Gefahren einer Vorführung aufzuklären, s. **RAG** ArbRS 5, 116. Verpflichtung des Theaterunternehmers, nicht nur die von ihm selbst gelieferten, sondern auch die von einem Schauspieler aus eigenen Mitteln gestellten Kostüme auf ihre Ungefährlichkeit für die Mitschauspieler zu untersuchen, s. **RG** JW 1933, 1390[6]. Pflicht des Betriebsführers, die Gefolgschaftsangehörigen vor Ansteckung durch lungenkranke Arbeitskameraden zu bewahren, s. **RAG** ArbRS 26, 13, 123; 27, 228; 29, 355. Ansteckung eines Dienstboten bei der Pflege des Dienstberechtigten s. **RG** Gruchot 62, 116, Fürsorgepflicht der Ehefrau des erkrankten Dienstberechtigten in bezug auf die ihn pflegende Krankenschwester s. **RG** JW 1933, 2003[1]. Haftung der Ehefrau für die Verletzung des von ihr zugezogenen Arztes durch den erkrankten geistesgestörten Ehemann s. **RG** WarnRspr. 1934 Nr. 53. Läßt der Dienstherr Arbeiten vornehmen, die seine in der Nähe beschäftigten Angestellten gefährden, so muß er für entsprechende Sicherungsmaßregeln sorgen (**RG** 20. 1. 1916 VI 305/15). Haftung des Unternehmers für Verschulden von Bauhandwerkern, deren er sich zur Ausführung eines Umbaus bedient, s. ArbRS 32, 22 (**LAG**). Ansprüche einer im Haushalt des Dienstberechtigten beschäftigten, durch eine in der Wäsche stecken gebliebene Nadel verletzte Wäscherin s. **RG** 103, 374. Der Dienstberechtigte haftet auch für ein gesundheitsschädliches Übermaß der Dienstleistung; selbst wenn die gesetzlichen Grenzen der Arbeitszeit nach der AZO nicht überschritten werden, kann doch im Hinblick auf den körperlichen Zustand des betreffenden AN die Beschäftigung während der zulässigen Arbeitszeit ein Verstoß gegen die Fürsorgepflicht und damit gegen § 618 sein (**RAG** ArbRS 11, 88; 5, 44; 24, 15). Werden dem Dienstpflichtigen schwere Arbeiten (z. B. Putzen der Böden) aufgetragen, die zu seinen Dienstleistungen gehören, aber seine Kräfte übersteigen und seiner Gesundheit schaden, so muß der Dienstpflichtige unter Umständen den Dienstherrn auf die Gefahr aufmerksam machen. Ebenso muß der Dienstpflichtige von früheren Schwindelanfällen Mitteilung machen, die ihn zum Fensterputzen ungeeignet erscheinen lassen (**RG** JW 1904, 290[12]). Verpflichtung des Dienstverpflichteten, der mit Säuren umgehen muß, auf eine Veranlagung zu Hautausschlägen hinzuweisen und um eine andere Verwendung zu bitten, s. **RAG** ArbRS 28, 126. Fürsorgepflicht, Hausangestellte vor den Folgen einer im Dienst erlittenen Verletzung zu bewahren, s. **RAG** HRR 1931 Nr. 120. Eine Verletzung der Sorgfaltspflicht aus § 618 kann auch darin liegen, daß der Geschäftsherr einem Angestellten, der vertragsgemäß beim Besuche der Kunden einen schweren Koffer mit sich zu führen hat, nach dem Überstehen einer Krankheit nicht ausreichende Erleichterungen bewilligt (**RAG** ArbRS 15, 144). — Auch dem durch seine körperliche Beschaffenheit (z. B. Nervosität) einer Gefahr besonders ausgesetzten Dienstpflichtigen gegenüber findet die Schutzpflicht des Dienstberechtigten ihre Grenze nur an der Unverträglichkeit der Abwendung der Gefahr mit der Natur der Dienstleistung (**RG** 22. 10. 1912 III 58/12). — Haftung des AG gegenüber einem von einer Arbeiterin zur Feldarbeit mitgebrachten Kinde nach §§ 618, 328 s. **RG** JW 1919, 820[1].

Anm. 7

6. Haftung des Dienstberechtigten **gegenüber den in häusliche Gemeinschaft aufgenommenen Dienstverpflichteten,** auch für die ordnungsmäßige Beschaffenheit des Zuganges zu den Schlafräumen der Hausangestellten und für dessen ordnungsmäßige, nach den örtlichen Verhältnissen nötige Beleuchtung (**RG** 24. 3. 1905 III 562/04). Über die Haftung für eine gesundheitlich einwandfreie Verpflegung und über die Beweislast in solchen Fällen s. **RAG** ArbRS 30, 231. Der Aufnahme in die häusliche Gemeinschaft steht eine Aufnahme in Junggesellenheimen oder Wohnheimen gleich **BAG** AP Nr. 1 zu § 618.

Anm. 8

7. Rechtliche Natur und Umfang der Ersatzpflicht

a) Bei den Sorgfaltspflichten des § 618 handelt es sich um vertragliche Nebenleistungen der Dienstberechtigten (AG) und zwar in der Regel um Vorleistungen. Der Dienstverpflichtete (AN) kann deshalb gemäß § 320 die Leistung seiner Dienste verweigern, bis die erforderlichen Vorkehrungen getroffen sind (vgl. § 320 Anm. 2) und kann unter Umständen wie bei anderen Leistungen der Dienstberechtigten auf Erfüllung klagen (str.) oder das Dienstverhältnis gemäß § 626 vorzeitig kündigen und Schadensersatz gemäß § 628 verlangen. Ist ein Schaden durch die mangelnde Sorgfaltspflicht entstanden, so sind dem Geschädigten hinsichtlich des Vermögensschadens gemäß Abs. III dieselben Ansprüche wie bei außervertraglichem Verschulden gegeben. Die scharfe Trennung zwischen vertraglicher und außervertraglicher Haftung ist insoweit aufgegeben. Der Dienstberechtigte hat also dem Dienstverpflichteten nicht nur den unmittelbar enstandenen Schaden zu ersetzen (§ 249), seine Haftung erstreckt sich auf die Minderung des Erwerbs und Fortkommen durch Gewährung einer Geldrente oder Kapitalabfindung (§§ 842, 743), er hat auch den mittelbar Geschädigten, den unterhaltsberechtigten Hinterbliebenen Ersatz für die verlorengegangenen Unterhaltsansprüche und Dienstleistungen zu gewähren (§§ 844, 845) und muß für seine Gehilfen gemäß § 278 haften, kann sich diesen Dritten gegenüber nicht nach § 831 entlasten (st. Rspr.). Andererseits kann ihnen gegenüber auch ein mitwirkendes Verschulden des Dienstverpflichteten berücksichtigt werden (§ 846). Schmerzensgeld gemäß § 847 kann allerdings nur verlangt werden, wenn einer der konkreten Schadensfälle des § 823 I vorliegt oder gegen eine besondere Schutzvorschrift verstoßen ist, da § 618 selbst keine Schutzvorschrift ist (**RAG** ArbRS 26, 13; 36, 34). Hier Entlastungsbeweis nach § 831 zulässig.

Anm. 9

b) Ein **Verschulden des Dienstberechtigten** (§ 276) oder derjenigen, deren Verschulden er zu vertreten hat (§ 278), ist in jedem Falle Voraussetzung der Haftung nach § 618. Ein Rechtssatz, insbesondere des Inhalts, daß der Unternehmer für einen Schaden, den der Dienstverpflichtete infolge erhöhter Betriebsgefahr erleidet, auch ohne Verschulden aufzukommen habe, besteht nicht (**RAG** ArbRS 30, 157 vgl. aber § 611 Vorbem. 20). Wenn ein größeres Unternehmen oder eine öffentliche Behörde ihren Vertragspflichten aus § 618 nicht nachgekommen ist, bedarf es zur Begründung der Haftung nicht notwendig einer Benennung der Personen, deren sie sich zur Wahrnehmung jener Pflichten als Erfüllungsgehilfen bediente (st. Rspr. **RG** 89, 137; 163, 29 u. a.).

Anm. 10

c) Mitwirkendes Verschulden des Verletzten z. B. fehlender Hinweis auf besondere, nicht ohne weiteres erkennbare Gefahren (**RG** JW 12, 529), ist nach § 254 zu würdigen, aber nicht ohne weiteres in der Übernahme einer gefährlichen Arbeit zu finden (**RAG** ArbRS 4, 227). Bei der Prüfung, ob und inwieweit den Arbeitnehmer wegen der Übernahme einer solchen Arbeit ein Verschulden trifft, müssen seine Gewöhnung an die seinem Beruf eigentümlichen gefährlichen Verrichtungen und die dadurch erzeugte Abstumpfung gegen die Gefahr, seine Gepflogenheit, den Arbeitgeber bei der Arbeit für sich denken zu lassen, und namentlich die Zwangslage in Betracht gezogen werden, die ihn, wenn er nicht seine Stelle verlieren will, häufig nötigt, trotz besserer Einsicht gefährliche Beschäftigungen zu übernehmen. Die Ausführung von Anweisungen des Dienstberechtigten ist daher dem Dienstpflichtigen in der Regel nicht als Verschulden anzurechnen (**RG** WarnRspr. 1914 Nr. 249). Bei der nach § 254 erforderlichen Abwägung ist insbesondere zu beachten, daß regelmäßig den Dienstberechtigten das grundlegende Verschulden trifft, wenn er gefahrbringende Räume usw. dem Dienstpflichtigen zur Benutzung überläßt (**RG** HRR 1934 Nr. 250; **RAG** ArbRS 39, 403). Die Zuteilung eines gleichen oder größeren Haftungsanteils auf den Dienstverpflichteten ist nicht ausgeschlossen, aber im allgemeinen nur unter besonderen Umständen gerechtfertigt (**RG** HRR 1934 Nr. 250). Nur § 254 kommt in Frage, wenn der in seiner Erwerbsfähigkeit Geschädigte eine von ihm von dem hierfür ersatzpflichtigen

Diensthern zugewiesene andere Stelle aus eigener Schuld wieder verliert; der adäquate Ursachenzusammenhang mit der ursprünglich schädigenden Handlung wird dadurch nicht ausgeschlossen (**RAG** ArbRS 27, 232, **RG** 160, 119). Unter welchen Voraussetzungen sich eine Witwe Beträge anrechnen lassen muß, die sie nach dem Tode ihres Mannes erworben hat, darüber s. § 844 Anm. 6c.

Anm. 11

d) Beweislast. Der Beweis, daß der Dienstberechtigte seine Verpflichtungen nicht erfüllt und dadurch einen Schaden verursacht habe, liegt an sich dem Dienstpflichtigen ob. Steht aber fest, daß vor dem Unfall des Dienstpflichtigen ein ordnungswidriger, gefahrdrohender und zur Herbeiführung des Unfalls geeigneter Zustand vorhanden war, dann ergibt sich der Schluß auf die Ursächlichkeit des Zustandes für den Unfall von selbst, und der Dienstberechtigte muß nicht nur nachweisen, daß er und seine Hilfspersonen alles getan haben, was bei Anwendung der im Verkehr erforderlichen Sorgfalt (§§ 276, 278) zur Beseitigung der Gefahr geschehen mußte, sondern (über die Grundsätze des Beweises des ersten Anscheins hinaus) regelmäßig auch, daß besondere Umstände eine andere Ursache des Unfalls erkennen lassen und damit die vom Dienstverpflichteten zunächst dargelegten Mängel als Ursache oder Mitursache ausschließen (**RG** 95, 104; 138, 37; **RAG** ArbRS 24, 169; 26, 133; 28, 109; 30, 231; 44, 272). Wird ein ordnungswidriger Zustand der bezeichneten Art durch einen besonderen, nicht ohne weiteres in der Natur der Dienstleistung begründeten Umstand geschaffen, so bleibt dem klagenden Dienstverpflichteten die volle Beweispflicht für den ursächlichen Verlauf und das Verschulden des Dienstberechtigten (**RAG** ArbRS 26, 124). Vgl. zur Frage der Beweislast auch **RG** Gruchot 62, 616 (Ansteckung eines Hausgehilfen durch die Dienstherrschaft). Hat eine Dienstwohnung Mängel, die nach dem natürlichen Lauf der Dinge geeignet sind, gewisse (tatsächlich eingetretene) Krankheiten hervorzurufen oder zu fördern, dann ist es Sache des Dienstberechtigten, besondere Umstände nachzuweisen, die nicht nur selbst Krankheitsursache sein können, sondern auch jene Mängel als Ursache oder Mitursache ausschließen (**RG** 95, 103). Das gleiche gilt bei Erkrankungen, die der Dienstpflichtige auf Mängel der Arbeitsstätte zurückführt (**RG** JW 1922, 485[6]).

Anm. 12

e) Verjährung der Schadensersatzansprüche aus § 618 nach 30 Jahren, nicht gemäß § 196, Z. 8 u. 9 BGB (**RAG** ArbRS 33, 61). Ansprüche auf Schmerzensgeld verjähren dagegen gemäß § 852 in 3 Jahren, da sie nur bei unerlaubter Handlung geltend gemacht werden können.

Anm. 13

8. Bedeutung der Vorschriften der Reichsversicherungsordnung. Die Bestimmungen des § 618 haben allerdings volle Bedeutung nur noch für selbständig Tätige (vgl. Vorbem. 2), für die Arbeitnehmer nur im Falle des § 898 RVO, d. h. wenn der Unternehmer den Unfall vorsätzlich herbeigeführt und dies strafrechtlich festgestellt ist, und ferner auch wenn die Beschädigung kein Unfall i. S. der §§ 537—544 RVO ist und durch die mangelhaften Einrichtungen allmählich eine Beschädigung der Gesundheit eingetreten ist, die keine Berufskrankheit i. S. des § 545 RVO ist. Sonst ist **die Ersatzpflicht nach RVO§§ 898—907, 1042, 161, 1219 zunächst insofern beschränkt** als die versicherten Personen und deren Hinterbliebene, auch wenn sie keinen Anspruch auf Rente haben (**RAG** DR 44, 783), einen Anspruch auf Ersatz des infolge eines Unfalls erlittenen Schadens gegen den Unternehmer, deren Bevollmächtigte (**RG** 136, 346) oder Repräsentanten, Betriebs- oder Arbeiteraufseher nur zu dem die Entschädigung aus der Unfallversicherung übersteigenden Betrage und nur dann geltend machen können, wenn durch strafgerichtliches Urteil festgestellt ist, daß der in Anspruch Genommene den Unfall vorsätzlich herbeigeführt hat oder wenn wegen des Todes, Abwesenheit oder wegen einer Amnestie (a. M. **RAG** ArbRS 29, 25) kein strafrechtliches Urteil ergeht. Dies gilt auch für den Unternehmer, in dessen Betrieb von einem anderen Unternehmer gestellte Arbeiter eingegliedert sind, nicht dagegen, wenn sie für ihren AG in dem fremden Betrieb Arbeiten ausführen (vgl. **RG** 170, 216; 172, 101; **BGH** 8, 330, 21, 114). Der Ausschluß der Unternehmerhaftung gilt nicht nur für Schadensersatzansprüche (Schmerzensgeld § 847, Ansprüche aus § 839 BGB, Art. 34 GG, **RG** 167, 390) aus unerlaubter Handlung, sondern auch aus § 618 und sonstigen Verstößen gegen die Fürsorgepflicht (**RAG** ArbRS 36, 423). Sie erstreckt sich auch auf Ersatzansprüche bezüglich des Schadens, den der Verletzte dadurch erleidet, daß er eine andere berufliche Beschäftigung als die im versicherten Betriebe nicht oder nur im beschränkten Umfang auszuüben vermag (ArbRS 33, 69 [**LAG**]). Zu § 898 s. **RG** WarnRspr 1934 Nr. 949; 1935 Nr. 1515; ferner **RG** JW 1937, 2366[18] (Anwendung bei Berufskrankheiten); ArbRS 34, 229; 45, 41 (Begriff des „Betriebsaufsehers"). Die Anwendung des § 898 schließt die Ausgleichungspflicht eines Unternehmers gegenüber einem Besteller nicht aus bezüglich eines Schadens, an dessen Entstehung beide Schuld tragen; insbesondere kann trotz § 898 der Unternehmer für die Erfüllung der ihm nach § 618 seinen Arbeitern gegenüber obliegenden Pflichten dem Besteller verantwortlich sein (**RG** 157, 282). Zur Frage der Haftung des Unternehmers bei Betriebsunfällen s. auch Vorbem. 20. Die aus § 898 sich ergebende allgemeine Regel der Haftbefreiung des Betriebsunternehmers ist auch auf juristische Personen anzuwenden (**RG** 167, 390); die vorsätzliche Verursachung eines Betriebsunfalles durch ihre gesetzlichen Vertreter ist aber gegen sie nicht dem Verschulden einer natürlichen Person gleichzustellen; die Haftung einer juristischen Person (offen gelassen in **RG** 71, 5) ist vielmehr auch bei strafgerichtlicher Verurteilung ihrer Vertreter zu verneinen (**RAG** ArbRS 25, 247; a. M. Schnorr von Carolsfeld DArbR 1936, 98; s. auch DJZ 1936, 585). Über Ausschluß der Haftung eines den Unfall verursachenden Arbeitnehmers vgl. **BAG** 5, 1 (GrS.).

Anm. 14

Ist der Unfall bei der Teilnahme am allgemeinen Verkehr, nicht aber im Werkverkehr, eingetreten, so können Ersatzansprüche gegen Arbeitgeber auch dann erhoben werden, wenn sie nach §§ 898, 899 RVO bisher ausgeschlossen waren, s. Ges. über die erweiterte Zulassung von Schadensersatzansprüchen bei Dienst- und Arbeitsunfällen v. 7. 12. 1943 (RGBl. 674). Das trifft auch bei Unfällen auf dem Wege von und zur Arbeitsstelle zu, vgl. **BGH** 8, 330; 19, 114; Betrieb 56, 1112.

Anm. 15

Nach § 1542 RVO geht, was von Amts wegen zu berücksichtigen ist (**RG** SeuffArch. 88 Nr. 150), soweit die nach diesem Gesetze Versicherten oder ihre Hinterbliebenen nach anderen gesetzlichen Vorschriften Ersatz eines Schadens beanspruchen können, der ihnen durch Krankheit, Unfall, Invalidität oder durch den Tod des Ernährers erwachsen ist, **der Anspruch auf die Träger der Versicherung insoweit über,** als sie den Entschädigungsberechtigten nach der RVO Leistungen zu gewähren haben. Jedoch gilt dies bei den gegen Unfall Versicherten und ihren Hinterbliebenen nur insoweit, als es sich nicht um einen Anspruch gegen den Unternehmer oder die ihm Gleichgestellten (Bevollmächtigte usw.) oder einen Arbeitskollegen (**BAG** GrS. 5, 1) handelt. Der Entschädigungsberechtigte kann danach nur den Mehrbetrag seines Schadens gegen den Dienstherrn geltend machen; so für den Fall einer Invalidenrente im Gegensatz zur Unfallrente **RG** 102, 131. Der völlige oder auch nur teilweise Übergang des Schadensersatzanspruchs auf den Versicherungsträger muß im Verfahren über den Grund des Anspruchs erörtert und entschieden werden (**RG** JW 1937, 1155[12]). Bemessung des Anspruchs des Versicherungsträgers und des dem Verletzten bleibenden Anspruchs, wenn dem letzteren wegen eigenen Verschuldens nur ein Anspruch auf Ersatz der Hälfte seines Schadens zusteht, sowie Einfluß der Verjährung des eigenen Anspruchs des Verletzten auf den Ersatzanspruch des Versicherungsträgers s. **RG** 148, 19; **RG** HRR 1933 Nr. 1508; **RG** JW 1934, 899[8]. Ausgleichspflicht gegenüber dem Anspruch aus § 1542 s. **RG** 148, 137. Zeitpunkt des Überganges des Schadensersatzanspruches auf den Versicherungsträger s. **RG** 148, 19; 152, 115; 156, 347. Der Rechtsübergang nach § 1542 RVO findet nur statt, wenn und soweit der Versicherungsträger für die fragliche Zeit und auf die in Rede stehende Schadensart Leistungen gemacht hat (**RG** 148, 22f.; **RG** JW 1937, 2366; s. auch JW 1936, 2560; 1937, 2370; 1938, 1661; DJ 1938, 45). Zur Frage, ob der Berufsgenossenschaft entgegengehalten werden kann, daß der Verletzte die für ihn günstige Entscheidung im Verfahren nach der RVO erschlichen habe, s. **RG** 156, 347. Dem Rückgriffsanspruch einer Berufsgenossenschaft nach § 1542 kann im Hinblick auf § 898 RVO nicht der Einwand entgegengesetzt werden, daß der ihr angehörende Betriebsunternehmer den Unfall fahrlässig mitverursacht habe (**RG** 153, 38 gegen **RG** 134, 293; 152, 46; HRR 1935 Nr. 202). Über die Bindung des ordentlichen Richters an die Entscheidung der Versicherungsbehörden und über die Aussetzung des gerichtlichen Verfahrens bis zu solcher Entscheidung s. RVO §§ 901, 1543 sowie **RG** 136, 346; 145, 31 (34f.); **RAG** ArbRS 27, 117; 31, 31; 35, 325. — Entsprechende Vorschriften im Angestelltenversicherungsgesetz.

Anm. 16

9. Neben den auf dem Vertrage beruhenden können auch weitergehende **außervertragliche Ansprüche, insbesondere wegen unerlaubter Handlung** im Sinne der §§ 823ff., begründet sein, wie z. B. der Anspruch des Hausgehilfen gegen den Dienstherrn als Tierhalter nach § 833 (**RG** 50, 249; vgl. auch 58, 410), der Anspruch des Lehrers nach § 823 wegen ordnungswidrigen Zustandes der Dienstwohnung, in der die Gemeinde im Hinblicke auf die dienstlichen Beziehungen zwischen Lehrer, Schülern und deren Eltern einen Verkehr eröffnet hat (**RG** WarnRspr. 1912 Nr. 250). Wie in der neueren Rechtsprechung anerkannt ist, kann eine Schadensersatzpflicht nach § 823 aber auch dann gegeben sein, wenn es sich um Örtlichkeiten handelt, an denen ein mehr oder weniger allgemeiner Verkehr nicht eröffnet ist (**RG** 88, 433; 89, 385).

§ 619

Die dem Dienstberechtigten nach den §§ 617, 618 obliegenden Verpflichtungen können nicht im voraus durch Vertrag aufgehoben oder beschränkt werden.

E II 558 Abs. 2 III 610; P 2 290, 293.

Durch diese zwingende Vorschrift wird verhindert, daß der Dienstverpflichtete auf Geltendmachung des ihm nach §§§ 617, 618 eingeräumten Rechtes auf Schutz gegen Gefahren für Leben oder Gesundheit im voraus, d. h. vor Eintritt des Schadens, durch Vertrag ganz oder zum Teil rechtsgültig verzichtet; wenn Ersatzansprüche bereits entstanden sind, kann darauf (auch vor Beendigung des Dienstverhältnisses) nach allgemeinen Grundsätzen verzichtet werden (KomBm. 1976). Der § 619 gilt auch bei entsprechender Anwendung des § 618 bei Werkverträgen und Aufträgen mit dienstvertragsähnlichen Leistungen **BGH** 16, 265.

§ 620

Das Dienstverhältnis endigt mit dem Ablaufe der Zeit, für die es eingegangen ist.

Ist die Dauer des Dienstverhältnisses weder bestimmt noch aus der Beschaffenheit oder dem Zwecke der Dienste zu entnehmen, so kann jeder Teil das Dienstverhältnis nach Maßgabe der §§ 621 bis 623 kündigen.

E I 563 II 559; M 2 464; P 2 295.

Übersicht

I. Endigung des Dienstverhältnisses durch Zeitablauf

Anm. 1

Die Zeitdauer eines Dienstverhältnisses kann nicht nur durch ausdrückliche Vereinbarung über Ende an einem kalendermäßigen Zeitpunkt, für eine genau festgelegte Zeit, mit Eintritt eines bestimmten Ereignisses, sondern auch durch den Zweck und die Beschaffenheit der zu leistenden Arbeit (Abs. 2) bestimmt sein, so daß, abgesehen von §§ 626, 627, z. B. vor Ablieferung einer gewissen nach Stücklohn zu berechnenden Arbeit, keine Endigung des Dienstverhältnisses eintreten kann. Soll die Dauer des Dienstverhältnisses im Sinne des Abs. 2 dem Zweck der Dienste zu entnehmen sein, so muß die Erreichung des Vertragszweckes unzweifelhaft in die Erscheinung treten, so daß sie von beiden Vertragsteilen ohne umständliche Ermittlungen mit den Sinnen wahrgenommen und somit nach objektivem Maßstab bestimmt werden kann (**RG** 130, 284). Das trifft zu bei Annahme des Dienstverpflichteten für eine bestimmte Baustelle bis zur Fertigstellung des Baus (**RAG** ArbRS 2, 171), für die Einrichtung einer Kartei (**RAG** ArbRS 7, 418), bis zur Auflösung des vom Dienstverpflichteten zu verwaltenden Lagers einer Genossenschaft (**RAG** ArbRS 31, 207), für die Ausführung genau umgrenzter Lieferungsverträge (**RAG** ArbR 11, 345; 13, 10; 14, 415; **LAG** Hamm AP 53, 217); dagegen nicht bei Übertragung der Verwaltung eines illiquid gewordenen Unternehmens bis zur Wiederherstellung klarer und geordneter Verhältnisse (**RG** 130, 284) oder solange Arbeit vorhanden ist (AP 52 Nr. 60). Vgl. auch **RAG** ArbRS 13, 10 (Einstellung nach Maßgabe des dienstlichen Bedürfnisses) und LAG Düsseldorf AP 51 Nr. 76 für die Dauer eines Bewachungsauftrages. Ein Dienstverhältnis auf bestimmte Zeit kann auch mit der Maßgabe eingegangen werden, daß der Zeitpunkt, in dem der Vertragszweck erreicht ist, vom Arbeitgeber bestimmt wird, jedoch hat der AG kraft seiner Fürsorgepflicht den AN angemessene Zeit vorher davon zu benachrichtigen (**RAG** ArbRS 17, 113; 31, 210). Diese Benachrichtigung ist aber keine Kündigung (**LAG** Hamm AP 53 Nr. 7). Zur Frage der Umwandlung eines Dauerdienstverhältnisses in ein befristetes s. **RAG** ArbRS 13, 48; 15, 28[2]. Ein in der Schwebe befindliches Dienstverhältnis derart, daß es jederzeit von jeder Partei durch ihre Erklärung beendet werden kann, kennt das Gesetz nicht; auch ein Aushilfedienstverhältnis wird entweder auf unbestimmte Dauer oder mit kalendermäßig oder nach Beschaffenheit oder Zweck bestimmtem Ende eingegangen (**RAG** ArbRS 14, 515). Über die Auslegung eines Anstellungsvertrags, nach dem die Verlängerung des Dienstverhältnisses davon abhängen soll, daß das Geschäft mit einer aktiven Bilanz abschließt, s. **RG** JW 1920, 638[3]. Über Bühnendienstverträge als befristete Verträge vgl. Hurst RDA 52, 455 AP 53 Nr. 268. — Ist ein Dienstverhältnis auf bestimmte Dauer mit der Abrede eingegangen, daß es nur bei ausdrücklicher Kündigung sein Ende erreichen, mangels einer Kündigung aber sich von selbst fortsetzen sollte, so hat die Festsetzung der bestimmten Dauer regelmäßig nur die Bedeutung, daß nicht zu einem früheren Termin soll gekündigt werden können (**RAG** ArbRS 7, 504).

Anm. 2

Die Befristung eines Arbeitsverhältnisses ist unwirksam, wenn sie dem AN die tarifliche Unkündbarkeit oder den Kündigungsschutz des Mutterschutz- oder Schwerbeschädigtengesetzes nimmt, obwohl keine besonderen Gründe für die Befristung gegeben sind. Das Arbeitsverhältnis gilt dann als auf unbestimmte Zeit geschlossen (**BAG** 1, 136; 2. 6; Hueck Festschrift für Apelt S. 697).

Anm. 3

2. Die Zusage einer **Lebens- oder Dauerstellung** hat keine bestimmte, für alle Fälle gleichbleibende Bedeutung. Der damit verbundene Sinn muß vielmehr aus den Vertragsabmachungen ermittelt werden. Es kann damit ein Ausschluß der Kündigung gewollt sein oder nur eine Beschränkung, sei es daß sie erst nach einer längeren Beschäftigungszeit, sei es bei Vorliegen besonders schwerwiegender Umstände oder nach längerer vorheriger Ankündigung erfolgen soll. Sie ist insbesonders bei der Prüfung gemäß § 1 II KSchG von Bedeutung, kann unter Umständen einen Anspruch auf anderweite Unterbringung rechtfertigen (**RG JW** 1938, 1392; **RAG** ArbRS 5. 29; 28, 169, 332; 31, 78).

Anm. 4

3. Der Abschluß kurzfristiger Verträge und die wiederholte Erneuerung mit kurzer Frist, **sog. Kettenverträge,** ist nicht grundsätzlich unzulässig. Die Befristung ist aber nicht nur dann unwirksam, wenn sie in der Absicht der Umgehung von Kündigungsschutzbestimmungen getroffen wird (so die frühere Rspr. des **RAG** ArbRS 32, 174 m. Nachw.), sondern schon dann, wenn sie mit dem im Kündigungsschutz gesetz den AN gewährten Bestandschutz nicht vereinbar ist, d. h. nicht ausreichende Gründe in den sozialen oder wirtschaftlichen Verhältnissen gegeben sind, die einen verständigen AG dazu veranlassen, Arbeitsverträge auf bestimmte Zeit abzuschließen, z. B. begrenztes Bedürfnis für die Beschäftigung zusätzlicher Arbeitskräfte, bei vorübergehender Steigerung der Nachfrage oder der einer Behörde übertragenen Arbeiten. Dagegen genügt die Frage einer nachlassenden Konjunktur oder haushaltsmäßige Beschränkungen nicht. Alsdann ist die Befristung unwirksam, das Dienstverhältnis endet nicht zu dem vorgesehenen Termin, sondern es bedarf einer Kündigung, so daß die Kündigungsschutzbestimmungen zur Wirkung kommen (**BAG** 1, 129. AP Nr. 7; 8, 14 zu § 1 KSchG Nr. 1. 5 zu Befristete ArbVertr.).

Anm. 5

4. Probedienstverhältnis. Die Vereinbarung einer Probezeit erfolgt in der Regel, wenn der AG seine Entscheidung über die endgültige Einstellung in den Betrieb erst nach einer gewissen Bewährung treffen, sich also nicht endgültig binden will. Das kann nun in der Weise geschehen, daß das Probezeitverhältnis nur für eine bestimmte Zeit geschlossen wird, so daß es mit dem vorgesehenen Zeitpunkt ohne weiteres endet und es einer neuen Vereinbarung über die Fortsetzung bedarf. Alsdann wird, da dem AN Gelegenheit zur Bewährung gegeben werden soll, eine vorzeitige Lösung nur aus wichtigem Grunde zulässig sein, falls nicht eine Kündigung vor Ablauf der Probezeit vorgesehen ist. Meistens wird jedoch ein Dienstverhältnis auf unbestimmte Zeit begründet und eine gewisse Zeit (Wochen oder Monate) als Probezeit bezeichnet. Es kann damit gemeint sein, daß das Dienstverhältnis abweichend von den regelmäßigen Kündigungsfristen jederzeit gekündigt werden kann, soweit nicht gesetzliche Mindestfristen (§ 67 **HGB**) bestehen (**RAG** ArbRS 38, 305 **BAG** 1, 137, 248). Die Dauer der Probezeit unterliegt abgesehen bei Lehrlingen (§ 77 **HGB,** § 127b Gew., § 25 HandwV) der freien Vereinbarung, soweit nicht in Tarifverträgen oder Betriebsvereinbarungen gewisse Höchstdaner festgesetzt ist. Eine solche Beschränkung schließt aber eine darüber hinausgehende Begrenzung des Dienstverhältnisses nicht aus BAG 1, 136.

Anm. 6

Bei Endigung des Arbeitsverhältnisses durch Zeitablauf findet das Kündigungsschutzgesetz (**BAG** 2, 6) §§ 14ff. des Schwerbeschädigtengesetzes und § 9 des MutterschutzG (**LAG** Hamm AP 53 Nr. 7) keine Anwendung, auch kommt eine Mitwirkung, sei es auch nur eine Anhörung des Betriebsrates gemäß BVG, nicht in Frage.

II. Endigung des Dienstverhältnisses durch Kündigung

Anm. 7

1. Form und Inhalt. Die Kündigung ist die einseitige, empfangsbedürftige Willenskundgebung, die das Ende des Dienstverhältnisses herbeiführen soll. Hierbei muß nicht unbedingt das Wort Kündigung gebraucht werden (**BAG** 3, 239; 4, 237), sondern es genügt, daß der Wille des Kündigenden, das Dienstverhältnis solle nicht mehr fortbestehen, bestimmt und unmißverständlich, sei es auch durch schlüssiges Verhalten z. B. Klageabweisungsantrag zum Ausdruck kommt, so daß bei dem Gekündigten keinerlei Ungewißheit über die Auflösung des Dienstverhältnisses und dessen Zeitpunkt aufkommen kann. Unklarheiten gehen zu Lasten des Kündigenden, nehmen der Kündigungserklärung ihre Wirkung (**RAG** ArbRS 18, 444; 35, 161 u. a.). Die Kündigung verträgt im allgemeinen keine Bedingungen, es sei denn, daß es sich um gesetzliche Bedingungen handelt oder die Bedingung von dem Willen des Gekündigten abhängt, so die Erklärung, daß das Dienstverhältnis erlöschen soll, falls der Gekündigte sich nicht mit neuen oder anderen Arbeitsbedingungen einverstanden erklärt (sog. Änderungskündigung). **RAG** ArbRS 6, 171; 8, 67; 16, 288. Die Kündigung kann auch vorsorglich erfolgen, wenn damit nur zum Ausdruck gebracht werden soll, daß der Kündigende sich vorbehält, nach Klärung gewisser Umstände die Kündigung zurückzunehmen oder über die Fortsetzung des Dienstverhältnisses zu verhandeln (**RAG** ArbRS 21, 166; 29, 248). Ob eine Kündigung schon vor Beginn der vereinbarten Dienstleistungen erfolgen kann, ist strittig. **RAG** ArbRS 18, 257 hat dies verneint, während das Schrifttum überwiegend den gegenteiligen Standpunkt vertritt (vgl. Hueck, Lehrbuch I 501, Nikisch I 571). Das Dienstverhältnis kann nur einheitlich gekündigt werden, Teilkündigungen sind nicht zulässig. Sollen einzelne Vertragsbestimmungen geändert werden, so muß das Dienstverhältnis als ganzes gekündigt werden unter gleichzeitigem Angebot eines neuen Vertrages mit den geänderten Bestimmungen. Zulässig ist dagegen die Kündigung einzelner innerhalb der Arbeitsverhältnisse getroffener selbständiger Abreden, z. B. über Akkorde, Tantiemen, Prämien, Sonderzulagen (Weihnachtsgratifikationen), Ruhegehaltsvereinbarungen u. dgl. (**RAG** ArbRS 19, 77; 29, 352; **BAG** 5, 50). Die Kündigung bedarf im allgemeinen nicht der Schriftform. Ist durch Einzel- oder Gesamtvereinbarung eine schriftliche Kündigung vorgesehen, um übereilte, mündliche Kündigungen zu verhindern, so sind Kündigungen, die die Form nicht wahren, unwirksam (**RAG** ArbRS 12, 147; 39, 52; **BAG** 5, 59). Soll die Schriftform nur Beweiszwecken dienen, namentlich hinsichtlich des Zeitpunktes, wie z. B. bei Klausel „mit eingeschriebenem Brief", so sind Kündigungen ohne diese Form nicht ohne Wirkung, wenn feststeht, daß der Empfänger sichere Kenntnis von der Kündigung erhalten hat (**RAG** ArbRS 9, 45). In beiden Fällen sind mündliche Kündigungen wirksam, wenn der Empfänger mit dieser Form der Lösung des Dienstverhältnisses sich einverstanden erklärt. Kündigungen, auch die schriftlichen, wenn sie die gesamte Belegschaft oder einen Teil betreffen sollen, können durch Anschlag oder Aushang erfolgen. Sie werden wirksam mit dem Tage des Aushangs und zwar für alle Arbeitnehmer, die an diesem Tage im Betrieb Dienst zu tun hatten, ohne Rücksicht darauf, ob sie von dem Anschlag Kenntnis genommen haben, bei erkrankten und beurlaubten AN an dem Tage, an dem sie von der allgemeinen Kündigung Kenntnis erhalten haben (**RAG** ArbRS 2, 202). Bei Einzelkündigungen wird der Anschlag dagegen nur der Unterrichtung der übrigen Belegschaft dienen, daneben noch eine besondere Erklärung gegenüber den einzelnen AN zu fordern sein, falls sie nicht in der Arbeitsordnung (Betriebsvereinbarung) ausdrücklich zugelassen ist (**BAG** Hamm AP 53, 213; vgl. auch **BAG** AP Nr. 6 zu § § 611 Lohnanspruch).

Anm. 8

2. Angabe des Kündigungsgrundes ist ebenso wie bei Miet- oder Gesellschaftsverhältnissen auch beim Dienstverhältnis der selbständig Tätigen und der AN grundsätzlich nicht erforderlich. Sie ist nicht etwa Wirksamkeitsvoraussetzung in dem Sinne, daß eine ohnedem ausgesprochene Kündigung keine rechtliche Bedeutung habe (h.M. **BAG** 2, 245 u. a.). Indessen kann die Angabe beim Dienstverhältnis das BGB nach Treu und Glauben im Interesse des anderen Teiles geboten sein mit der Folge, daß eine Verweigerung der Angabe dem (zu Unrecht) Gekündigten Grund zur eigenen Kündigung und zu Schadensersatzansprüchen nach § 628 geben kann. Dasselbe gilt auch mit Rücksicht auf die gegenseitige Treupflicht für die dem Kündigungsschutz nicht unterworfenen AN insbesondere die leitenden Angestellten. Soweit für AN des KSchG gilt, ergibt sich mittelbar eine Verpflichtung zur Angabe von Gründen für den AG daraus, daß eine Kündigung ohne Vorliegen von Gründen stets als sozial ungerechtfertigt i. S. des § 1 I. II anzusehen ist. Auch eine solche Kündigung wird aber wirksam, wenn der AN nicht gemäß §§ 3, 11 rechtzeitig Klage erhebt. Der AN kann also nach Ablauf der Frist sich nicht etwa darauf berufen, daß eine rechtswirksame Kündigung wegen Fehlens der Angabe von Gründen nicht erfolgt sei. Ebenso muß der AG eine einmal ausgesprochene Kündigung, selbst wenn keine Gründe angegeben waren, gegen sich gelten lassen. Auch kann der AG, der die Voraussetzungen des § 1 II beweisen muß, im Laufe des Rechtsstreites bis zum Ende der mündlichen Verhandlung neue Kündigungsgründe nachbringen, wenn sie schon vor Ausspruch der Kündigung vorhanden waren. Später eingetretene Kündigungsgründe können dagegen die frühere Kündigung nicht rechtfertigen, sondern nur eine neue Kündigung (**BAG** 3, 13; AP Nr. 11 zu § 626; Nr. 1 § 67 HGB). Auch für diese genügt es, wenn der Wille zur Lösung des Arbeitsverhältnisses deutlich erkennbar zum Ausdruck gekommen ist, wenn der AG also im Prozeß seinen Abweisungsantrag insbesondere auf diese neuen Kündigungsgründe stützt. Das Gericht hat dann zunächst über die Berechtigung der ersten Kündigung und bei Verneinung über die Berechtigung der zweiten Kündigung zu entscheiden und in — entsprechender — Anwendung des § 7 Abs. 2 den Zeitpunkt der Beendigung der Arbeitsverhältnisse anzugeben, falls es die zweite Kündigung — vielleicht unter Heranziehung der früheren Gründe für gerechtfertigt ansieht. Auch, daß eine ohne Anhörung der Betriebsvertretung § 66 I BVerfG ausgesprochene Kündigung rechtskräftig nicht gerechtfertigt erklärt worden ist, hindert den Arbeitgeber nicht, die Kündigung zu wiederholen und sie auf vor der ersten Kündigung liegende Gründe zu stützen (**BGH** 2, 90).

Anm. 9

3. Kündigungen, die ein gesetzliches Verbot (Art. 3 II, 5. 9. GG, **BAG** AP Nr. 26 KSchG § 1) **oder die guten Sitten verletzen,** sind nach §§ 134, 138 nichtig (**RAG** ArbRS 26, 125; 36, 39). Insbesondere ist nach § 138 Abs. 1 nichtig eine Kündigung, die nach Beweggrund und Zweck gegen die guten Sitten verstößt. Dazu genügt aber nicht, daß sie dem allgemeinen Billigkeitsgefühl nicht entspricht, sondern es müssen besondere Umstände hinzukommen, die die Kündigung als anstößig und mit den guten Sitten unvereinbar erscheinen lassen (**RAG** ArbRS 26, 184). Das ist nicht schon der Fall, wenn ein berechtigter Grund nicht erkennbar ist, die Kündigung deshalb als ein Mißbrauch der Machtstellung, als willkürlich erscheint (**RAG** ArbRS 40, 78); oder wenn sie zur Herabsetzung des bisherigen Lohnes erfolgt, es sei denn, daß dies im Hinblick auf das Mißverhältnis mit den Durchschnittslöhnen und auf die besonderen Verhältnisse des Dienstverpflichteten als eine Ausbeutung der Notlage anzusehen ist (**RAG** ArbRS 30, 283). Auch jahrzehntelange Tätigkeit schließt die Kündigung nicht aus (**RAG** ArbRS 41, 320); ebenso nicht, daß der Dienstverpflichtete nach langjähriger Dienstzeit seine Arbeit wegen seines Alters oder infolge Erkrankung nicht mehr voll leisten kann, es sei denn, daß er seine Kräfte vorzeitig in dem Dienst verbraucht hat oder die Minderung seiner Arbeitsfähigkeit auf eine im Dienst sich zugezogene Krankheit zurückzuführen ist und der Dienstberechtigte bei gutem Willen ihn mit leichteren Arbeiten beschäftigen kann (**RAG** ArbRS 26, 161; 36, 40). Nichtig ist dagegen eine Kündigung zur Vereitelung eines Ruhegehaltsanspruches (**RAG** ArbRS 33, 186);

ebenso wenn sie nur erfolgt, weil der Tariflohn oder sonstige gesetzliche Ansprüche geltend gemacht werden.

Anm. 10

Aus dem Grundsatze des § 242 läßt sich die Unwirksamkeit einer Kündigung für das nach dem bürgerlichen Recht zu beurteilende Dienstverhältnis der selbständig Tätigen (vgl. Vorbem. 2) nicht herleiten. Denn das BGB kennt ebenso wenig einen Zwang zur Fortsetzung eines Vertrages über die vorgesehene Zeit hinaus, wie einen Zwang zur Eingehung eines Vertrages. Die Kündigungsfreiheit muß auch für das Dienstverhältnis gewahrt bleiben, soweit nicht durch Gesetz ausnahmsweise etwas anderes vorgesehen ist. Das ist aber nur für das Dienstverhältnis der unselbständigen Arbeiter, das sog. Arbeitsverhältnis geschehen. Indessen finden die Grundsätze über die unzulässige Rechtsausübung auch hier Anwendung. Unter Umständen, z. B. mit Rücksicht auf den Zweck des Vertrages oder einzelner Bestimmungen, der Aufgabe einer früheren Tätigkeit kann die Kündigung zeitweise versagt sein.

III. Kündigungsschutz im Arbeitsverhältnis

Anm. 11

1. In der Bundesrepublik ist die freie Kündigung hinsichtlich des größten Teils der AN durch das **Kündigungsschutzgesetz** v. 10. 8. 1951 (BGBl. I 499) beseitigt. Diese Beschränkung des Kündigungsrechts gilt nicht für Betriebe mit 5 oder weniger Beschäftigten (außer Lehrlingen § 21 I 2), für Arbeitnehmer unter 20 Jahre (§ 1 I) und für gesetzliche Vertreter und sonstige leitende Angestellte (§ 12). Für alle übrigen AN, sofern sie länger als 6 Monate in dem Betrieb oder Unternehmen beschäftigt waren, ist eine Kündigung — auch Änderungskündigung — nur wirksam, wenn sie sozial gerechtfertigt ist, d. h. wenn sie durch Gründe in der Person oder in dem Verhalten des AN oder durch dringende betriebliche Erfordernisse, die einer Weiterbeschäftigung entgegenstehen, bedingt ist. Bei Kündigung aus betrieblichen Gründen muß die getroffene Auswahl sozial gerechtfertigt sein (vgl. § 1 III). Vor der Kündigung hat der AG nach § 66 BVerfG die Betriebsvertretung zu hören. Diese Anhörung ist zwar nicht Wirksamkeitsvoraussetzung (**BAG** 1, 69, 80, 2, 87; 4, 307), hat aber der AG die Anhörung des Betriebsrates rechtswidrig, vorsätzlich und schuldhaft unterlassen, so kann er sich nicht mehr darauf berufen, daß die Kündigung sozial gerechtfertigt sei, der Kündigungsschutzklage ist vielmehr stattzugeben (**BAG** 1, 70, 2, 88). Der AG kann aber die Kündigung nach Anhörung der Betriebsvertretung wiederholen und alsdann ist die soziale Berechtigung i. S. des § 1 Abs. 2 KSchG zu prüfen. Die Gründe für die Entlassung sind vom AG zu beweisen. Die Rechtsunwirksamkeit der Kündigung tritt freilich nur ein, wenn das Arbeitsgericht auf Grund einer vom AN binnen 3 Wochen zu erhebenden Klage feststellt, daß das Arbeitsverhältnis durch die Kündigung nicht aufgelöst ist. Die Klage ist nicht davon abhängig, daß zuvor Einspruch bei der Betriebsvertretung eingelegt ist. Der AN kann aber den Betriebsrat anrufen und soll seiner Klage alsdann die Stellungnahme des Betriebsrates beifügen. Wird der Klage stattgegeben, so besteht das Arbeitsverhältnis fort, dem AN ist für die Zwischenzeit, auch wenn er keine Arbeit geleistet hat, sein Lohn zu zahlen, er muß sich jedoch anderweiten Verdienst anrechnen lassen oder was er durch eine zumutbare Arbeit hätte verdienen können (vgl. dazu § 615 Anm. 3. 4, da trotz etwas anderem Wortlaut sachlich beide Bestimmungen im wesentlichen übereinstimmen), weiter auch die Beträge, die er aus Sozialversicherung, Arbeitslosenversicherung und öffentlicher Fürsorge erhält, da diese Beträge von dem AG den betreffenden Stellen zu erstatten sind (§ 9c S. 2). Auf Antrag des AN und des AG kann aber, selbst wenn die Kündigung sozial nicht gerechtfertigt ist, das Arbeitsverhältnis durch Urteil aufgelöst werden, falls dem AN die Fortsetzung des Arbeitsverhältnisses nicht zuzumuten ist oder ein dem Betriebszweck dienliches, weiteres Zusammenarbeiten nicht zu erwarten ist. Alsdann ist dem AN eine Entschädigung bis zum Zwölffachen seines Monatsverdienstes zuzusprechen. Diese Entschädigung ist kein Lohn oder sonstiger Dienstbezug i. S. der Lohnschutzbestimmungen (§ 850h ZPO, KO § 61, § 394 BGB **RAG** ArbSR 421; Hueck KSchG § 8 Anm. 7), aber eine Abfindung i. S. des § 11

3 I Nr. 2 AVAVG, die auf die Arbeitslosenunterstützung anzurechnen ist (BSozGAP Nr. 3 zu § 7 KSchG) dem Arbeitsamt vom AG zu erstatten ist, der wiederum damit aufrechnen kann. Der AN ist insoweit nicht mehr aktiv legitimiert, da sein Anspruch insoweit auf das Arbeitsamt kraft Gesetzes übergegangen ist (**RAG** ArbRS 5, 59). Hat der AN inzwischen anderweite Arbeit gefunden, so kann er binnen 1 Woche nach Rechtskraft des Urteils die Fortsetzung des Arbeitsverhältnisses verweigern. Mit dem Zugang seiner Erklärung beim AG erlischt das Arbeitsverhältnis und ist ihm Lohn nur für die Zeit seit der Entlassung bis zur Aufnahme der Arbeit zu zahlen (§ 10). Das Recht zur fristlosen Entlassung aus wichtigem Grunde besteht weiter fort, auch hier muß aber der AN binnen 3 Wochen Klage erheben, anderenfalls die Entlassung von Anfang an rechtswirksam ist. Stellt das Gericht die Unbegründetheit der fristlosen Kündigung fest, so kann es auf Antrag das Arbeitsverhältnis unter gleichzeitiger Zubilligung einer Entschädigung auflösen. Die fristlose Entlassung gilt im Zweifel nicht als Kündigung für den nächstzulässigen Termin (**BAG** 1, 99), dagegen kann der AG die Auflösung durch Urteil gegen Zahlung einer Abfidung nicht verlangen (§ 11 I, II).

Anm. 12

Die Bestimmung des Kündigungsschutzgesetzes findet keine Anwendung, wenn der Arbeitsvertrag gemäß §§ 119, 123 BGB angefochten wird — denn wenn auch diese Anfechtung keine rückwirkende Kraft hat, so hat sie doch eine andere Funktion wie die Kündigung, sie kann deshalb nicht dieser gleichgestellt werden (**BAG** 5, 159).

Anm. 12a

Neben der Sozialwidrigkeit kann der AN aber auch noch die Nichtigkeit der Kündigung aus den allgemeinen Gründen, Verstoß gegen Gesetz und Tarifvertrag, aus Form- und Willensmängeln (Irrtum, Täuschung, Drohung) mangelnde Geschäftsfähigkeit, geltend machen. Insbesondere wie früher neben der Einspruchs- und Widerrufsklage auch die Sittenwidrigkeit der Kündigung. Wie aus § 7 I 3 hervorgeht, ist allerdings eine offensichtlich willkürliche oder aus nichtigen Gründen unter Mißbrauch der Machtstellung erfolgte Kündigung nur als sozialwidrig anzusehen. Es müssen also andere besondere Umstände als die Willkür oder die Nichtangabe von Gründen die Kündigung als verwerflich erscheinen lassen (**RAG** ArbRS 26, 136; 40, 78); an die Sittenwidrigkeit sind aber strenge Anforderungen zu stellen (h. M.). Die Nichtigkeit braucht nicht innerhalb der Frist des § 3 und zusammen mit der Klage wegen Sozialwidrigkeit erhoben zu werden. Erhebt der AN aber innerhalb 3 Wochen nach Zugang der Kündigung eine Klage auf Feststellung der Nichtigkeit wegen Sittenwidrigkeit, so stehen ihm dieselben Rechte wie bei einer Klage wegen Sozialwidrigkeit zu, er kann also insbesondere auch die Auflösung und Entschädigung verlangen; das aber nicht bei Nichtigkeit aus anderen Gründen (§ 11 III. IV).

Anm. 13

Für die dem Gesetz nicht unterworfenen Arbeitnehmer in kleinen Betrieben, unter 18 Jahren und innerhalb der ersten 6 Monate der Beschäftigung, für leitende Angestellte, sowie bei Arbeitskämpfen besteht das freie Kündigungsrecht weiter. Sie können, ohne an die Dreiwochenfrist der §§ 3. 11 KSchG gebunden zu sein (**BAG** 1, 273, 279) die Nichtigkeit der Kündigung nach §§ 134, 138 BGB geltend machen, indessen kann bei ihnen unter besonderen Umständen eine willkürliche, aus nichtigen Gründen unter Mißbrauch der Machtstellung ausgesprochene Kündigung als sittenwidrig angesehen sein, da die Einschränkung in dieser Hinsicht aus § 7 I 3 nicht in Frage kommt. Dagegen kann ebenso wie bei den selbständig Tätigen eine Unzulässigkeit der Kündigung wegen Sozialwidrigkeit weder aus § 242 BGB noch aus der Treu- und Fürsorgepflicht hergeleitet werden, dagegen ist der Einwand des Rechtsmißbrauches (vgl. Anm. 12a) ebenfalls gegeben (vgl. Hueck KSchGes. Einl. S. 27; Nikisch I 575; Böttcher RdA 4951, 433; a. M. Herschel-Schelp § 1 Anm. 5 KSchG).

Anm. 14

2. Kündigung eines Betriebsratsmitgliedes (nicht Wahlkandidat oder Ersatzmitglied, solange er das Amt nicht ausübt, st. Rsp. **RAG** ArbRS 17, 281) ist während der Dauer des Amtes nur zulässig, wenn nach dem Gesetz (nicht nach Vertrag) ein Grund zur fristlosen Lösung des Arbeitsverhältnisses gegeben ist (§ 13). Eine schon vor Antritt des Amtes ausgesprochene Kündigung behält ihre Gültigkeit, auch wenn die Kündigungsfrist erst danach abläuft (**RAG** ArbRS 8, 401), eine vor Ablauf des Amtes ausgesprochene Kündigung bleibt unwirksam, auch wenn die Kündigungsfrist erst nach dem Ende des Amtes abläuft (**RAG** ArbRS 14, 56); es bedarf einer neuen Kündigung oder einer dahin zu deutenden Erklärung nach Beendigung des Amtes, von der an auch dann erst die Kündigungsfrist läuft (**RAG** ArbRS 15, 212). Für die fristlose Kündigung sind neben § 626 BGB die Sonderbestimmungen der §§ 70 HGB, 123ff., 133bff. GewO, §§ 88dff. PrA BG §§ 20, 25 BinnSchG 70, 76 SeemannsG (70, 76) maßgebend. Für Betriebsratsmitglieder gilt § 124a GewO (**BAG** 1, 185; 2, 139). Amtspflichtverletzungen können aber eine fristlose Kündigung nicht rechtfertigen (**RAG** ArbRS 33, 85; 34, 282; **BAG** 1, 185). Bei Betriebsstillegung darf das Betriebsratsmitglied mangels zwingender Gründe erst zum Zeitpunkt der Stillegung des Betriebes gekündigt werden, bei Teilstillegung ist er möglichst in eine andere Abteilung zu übernehmen (§ 13). Auch das Betriebsratsmitglied muß bei fristloser Kündigung binnen 3 Wochen Klage erheben, anderenfalls sie gemäß § 11 I wirksam wird. Dagegen ist die fristgemäße Kündigung schlechthin unwirksam, einer gerichtlichen Feststellung bedarf es dazu nicht. Eine dahingehende Klage, auch auf Grund des § 13 II KSchG ist aber an die Dreiwochenfrist nicht gebunden **BAG** 3, 341. Wird die Unwirksamkeit einer Kündigung festgestellt, so kann auch das Betriebsratsmitglied die Weiterarbeit ablehnen, falls es in der Zwischenzeit eine andere Arbeit gefunden hat, und den entgangenen Verdienst von der Kündigung bis zu der anderweiten Aufnahme von Arbeit verlangen. Auch Änderungskündigungen sind grundsätzlich nicht zulässig (**BAG** AP Nr. 10 KSchG u. Anm.).

Anm. 15

3. Kündigungsschutz bei Massenentlassungen. §§ 15ff. dienen nicht dem Schutz der einzelnen AN; ist kein Schutzgesetz i. S. des § 823 II, sondern sollen zwecks Einschränkung von Arbeitslosigkeit übereilte Massenentlassungen verhindern, indem sie zunächst einmal hinausgeschoben werden. Der Unternehmer hat nämlich bei beabsichtigten Entlassungen eines bestimmten Teiles seiner Belegschaft (vgl. § 15 I) neben der Rücksprache mit der Betriebsvertretung gemäß § 66 BVG dem Arbeitsamt Anzeige zu erstatten. Innerhalb eines Monats, auf besondere Anordnung des Landesarbeitsamtes von 2 Monaten, sind Entlassungen nur mit Zustimmung des Landesarbeitsamtes zulässig, erfolgen sie nicht innerhalb eines Monatse nach Ablauf der Frist, so bedarf es einer neuen Anzeige (§ 16). Kann der AG seine AN nicht bis zum Ablauf der Sperrfrist voll beschäftigen, so kann er mit Zustimmung des Landesarbeitsamtes Kurzarbeit einführen und nach Ablauf der gesetzlichen oder vereinbarten Kündigungsfrist den Lohn dementsprechend kürzen. Vor oder während der Sperrfrist ausgesprochene Kündigungen werden mit Ablauf der Sperrfrist wirksam, soweit nicht die Kündigungsfrist erst später abläuft (**RAG** ArbRS 12, 27). Nach Ablauf der Sperrfrist können Entlassungen unbeschränkt erfolgen, es greifen dann aber die allgemeinen Kündigungsschutzbestimmungen ein. Das Recht der fristlosen Entlassung bleibt unberührt. In Westberlin gilt das Kündigungsschutzgesetz v. 20. 5. 1950 (VOBl. 173), das in den Grundzügen mit dem Bundesgesetz übereinstimmt, nur in der Durchführung in einiger Hinsicht abweicht, s. auch § 66 BVG.

Anm. 16

4. Einen **Kündigungsschutz für ältere Angestellte** brachte das Kündigungsschutzgesetz v. 9. 7. 1926 (RGBl. I, 399). Entsprechend seinem sozialpolitischen Zweck, der Notlage der älteren Angestellten nach Möglichkeit zu steuern, erweiterte es den aus dem HGB und der GewO sich ergebenden Schutz, indem es seinen Schutz unabhängig von der Höhe des Jahresverdienstes eintreten ließ, an die Stelle der bisherigen gesetzlichen oder vereinbarten Kündigungsfristen weitergehende Mindestfristen setzte und bestimmte, daß der AG nur noch für den Schluß eines Kalendervierteljahres kündigen darf. Das Gesetz, das auch im Falle des Konkurses Anwendung findet (**RAG** ArbRS 7, 156; 15, 507), gilt für **Angestellte,** die nach § 1

VersichGf. Angestellte versicherungspflichtig sind (dazu **RAG** ArbRS 7, 401; 13, 311; 23, 116; 36, 260) oder sein würden, wenn ihr Jahresarbeitsverdienst die Gehaltsgrenze nach § 3 des Ges. nicht überstiege, und bestimmt, daß ein AG, der in der Regel mehr als zwei Angestellte ausschließlich der Lehrlinge beschäftigt (Bestimmung des Regelstandes der Beschäftigung s. **RAG** ArbRS 18, 364), einem Angestellten, den er oder er und seine Rechtsvorgänger mindestens fünf Jahre beschäftigt haben, nur mit mindestens drei Monaten Frist für den Schluß eines Kalendervierteljahres kündigen kann. Bei längerer Beschäftigung treten weitere Verlängerungen der Kündigungsfrist ein. Die verlängerte Kündigungsfrist gilt immer nur für Kündigungen durch den AG (Kündigung durch den Konkursverwalter s. **RAG** ArbRS 32, 289); der Angestellte kann in den nach Vertrag oder Gesetz ihm zustehenden kürzeren Fristen kündigen. Die Bestimmungen über fristlose Kündigungen, gleichviel von welcher Seite sie ausgehen, bleiben unberührt. Maßgebend für die Angestellteneigenschaft eines Arbeitnehmers ist nicht seine Behandlung, Entlohnung oder auch Bezeichnung, sondern die Art der Tätigkeit, zu der er angestellt ist (**RAG** ArbRS 7, 108). Die Angestellteneigenschaft geht auch nicht schon dadurch verloren, daß der Angestellte mangels einer ihm an sich zukommenden vollwertigen Angestelltentätigkeit tatsächlich längere Zeit Dienste eines Arbeiters verrichtet (**RAG** ArbRS 10, 561). Zu den Angestellten gehören: Musiker eines Lichtspieltheaters (**RAG** ArbRS 11, 489); Schlafwagenschaffner (**RAG** ArbRS 11, 189); je nach den Bedingungen ihres Dienstvertrags auch Knappschaftsärzte (**RAG** ArbRS 31, 205); nicht Werksfeuerwehrleute und Straßenbahnführer und -schaffner (**RAG** ArbRS 34, 233). Nichtanwendbarkeit des Kündigungsschutzes auf Nebenbeschäftigungen s. **RAG** WarnRspr. 1932 Nr. 90; HRR 1932 Nr. 532, 533. Der Begriff der **Rechtsnachfolge** auf Seite des Arbeitgebers ist nicht in dem strengen Sinne zu verstehen, daß er nur die Fälle eines abgeleiteten Erwerbes von Rechten umfaßt; vielmehr ist der Betrieb als solcher in seiner besonderen technisch-wirtschaftlichen Zielsetzung ins Auge zu fassen, und es ist zu fragen, ob der Betrieb ohne wesentliche Änderung seines Geschäftszweckes fortgeführt wird (**RAG** ArbRS 23, 127; 24, 9; 30, 285). Maßgebend für das Eingreifen des Kündigungsschutzes ist der **Zeitpunkt**, in dem die Kündigung erklärt wird, nicht der Termin, zu dem sie erfolgt (**RAG** ArbRS 1, 103; 2, 247). Daß der im Staatsdienst Angestellte während der maßgebenden Zeit bei verschiedenen Dienststellen im Bereiche verschiedener Ministerien beschäftigt war, steht der Anwendung des Gesetzes nicht im Wege; es handelt sich um den gleichen AG (**RAG** ArbRS 14, 563). Der Kündigungsschutz gilt auch für solche Kündigungen, die nur zu dem Zwecke ausgesprochen werden, um eine Änderung der Vertragsbedingungen herbeizuführen (**RAG** ArbRS 3, 24). Die Beschäftigungsdauer, von der der Kündigungsschutz abhängt, braucht nicht in ununterbrochener Tätigkeit zurückgelegt zu sein; es muß aber zwischen den einzelnen Beschäftigungszeiten, die zusammengerechnet werden sollen, ein enger innerer Zusammenhang bestehen, der die Anrechnung aus Gründen der sozialen Gerechtigkeit und nach Treu und Glauben als geboten erscheinen läßt (**RAG** ArbRS 12, 99; 17, 270; 32, 289; **LAG** Bremen AP 50 Nr. 187 Hamburg AP 50, Nr. 283). Anrechnung einer Angestelltentätigkeit im Ausland bei einem Dienstverhältnis, das in Deutschland eingegangen ist und dort auch seinen Abschluß finden soll, s. **RAG** ArbRS 8, 294. Wiederholte Inanspruchnahme des Kündigungsschutzes bei fortgesetzter Tätigkeit bei dem nämlichen AG s. **RAG** HRR 1931 Nr. 1673. Anzurechnen ist auch die Zeit, die der Angestellte in dem gleichen Betriebe als Arbeiter zugebracht hat (**RAG** ArbRS 10, 561). Zur Behandlung des Falles, wenn der anstellende AG den Angestellten in einem fremden Betriebe arbeiten läßt, s. **RAG** ArbRS 7, 323. Die Kündigungsfristen des Gesetzes sind ebenso wie die Kündigungstermine zwingender Natur zugunsten der Angestellten (**RAG** ArbRS 17, 396). Günstigere Bedingungen können durch Vereinbarung geschaffen werden; ob die gesetzlichen Bedingungen günstiger sind oder die vertraglichen, muß im Einzelfall, ausgehend vom Zeitpunkt, in dem die Kündigung ausgesprochen ist, geprüft werden (**RAG** ArbRS 31, 221). Sie finden auch Anwendung, wenn ein gekündigter Angestellter nur auf seine Bitten und in seinem Interesse für unbestimmte, wenn auch kurze Zeit weiterbeschäftigt wird (**RAG** ArbRS 13, 48), gelten aber nur für wirkliche Kündigungsfälle und scheiden aus, wenn ein für bestimmte Zeit eingegangenes Arbeitsverhältnis mit dem Ablauf dieser Zeit ohne Kündigung endet (**RAG** ArbRS 5, 238; 7, 504). Das kann zu einer Umgehung des Gesetzes führen, wenn an die Stelle eines einheitlichen Arbeitsverhältnisses eine fortlaufende Kette ständig sich erneuernder kurzfristiger Arbeitsverträge gesetzt wird (s. o. Anm. 4). Ob eine unzulässige, einer Anwendung der Kündigungsvorschriften nicht im Wege stehende Umgehung anzunehmen oder der Vertragsfreiheit Raum zu geben ist, hängt von den Umständen des Falles und namentlich auch davon ab, ob vom Standpunkt eines ruhigen, sachlichen Beurteilers die kurzfristige Beschäftigung begründet war oder doch dafür gehalten werden durfte, jedoch genügt die Sorge einer nachlassenden Konjunktur nicht, da dieses Risiko der AG zu tragen hat (**RAG** 10, 549; 13, 42; 28, 343; 32, 174). Einwand der allgemeinen Arglist gegenüber der Berufung auf die an sich zwingenden Vorschriften des Kündigungsschutzgesetzes s. **RAG** ArbRS 30, 289. Zur Anwendung des Kündigungsschutzgesetzes auf ausländische Anstellungsverhältnisse s. **RAG** 17, 401; 19, 3.

Anm. 17

5. Kündigungsschutz für Schwerbeschädigte. Nach § 14 des Gesetzes über die Beschäftigung Schwerbeschädigter v. 16. 6. 1953 (BGBl. I 389), kann ein Schwerbeschädigter **in der Regel** (Ausnahmen § 19) **nur mit Zustimmung** der Hauptfürsorgestelle gekündigt werden. Die Kündigungsfrist beträgt mindestens 4 Wochen, wenn nicht die vertraglichen Fristen länger sind. Die Kündigungsfrist läuft erst vom Tage des Eingangs des schriftlichen Antrags bei der Hauptfürsorgestelle, § 15 SchwerbeschGes. Die gesetzlichen Bestimmungen über fristlose Kündigung werden an sich nicht berührt (**RAG** ArbRS 8, 290), und das Gericht ist bei der Prüfung des wichtigen Grundes auch nicht gehindert, Umstände, die im Rahmen einer Entscheidung der Fürsorgebehörde nach dem § 18 hätten berücksichtigt werden können oder berücksichtigt worden sind, aber nicht zur Zustimmung der Hauptfürsorgestelle geführt haben, selbständig zu prüfen. Doch muß die Zustimmung der Hauptfürsorgestelle zur Kündigung auch hier eingeholt werden, wenn aus einem Grunde gekündigt wird, der in unmittelbarem Zusammenhange mit der gesundheitlichen Schädigung steht, wegen der der Schutz dieses Gesetzes gewährt wird (§ 19 III). Ein solcher unmittelbarer Zusammenhang ist auch gegeben, wenn die Kündigung wegen eines Verhaltens erfolgt, das durch die gesundheitliche Schädigung hervorgerufen ist (**BAG** 3, 39). Die Voraussetzungen der Kündigung müssen nach dem **Zeitpunkt** beurteilt werden, in dem die Kündigung ausgesprochen wird (**RAG** ArbRS 7, 77). Den Schutz des Schwerbeschädigtengesetzes hatte das **RAG** jedem zugebilligt, der im Augenblicke der Kündigung Schwerbeschädigter im Sinne des Gesetzes (dazu **RAG** ArbRS 4, 330 **BAG** 5, 209) ist, gleichviel ob der AG ihn von der Hauptfürsorgestelle zugewiesen erhalten oder freiwillig eingestellt und letzteren Falles seine Eigenschaft als Schwerbeschädigter gekannt hat oder nicht (**RAG** 124, 17; **RAG** ArbRS 6, 618; 20, 72; **BAG** 3, 203, 4, 101) und auch dann, wenn der AG außer ihm schon so viele Schwerbeschädigte eingestellt hat, als gesetzlich von ihm zu verlangen ist (**RAG** ArbRS 5, 470) **BAG** 3, 203 oder wenn es sich um einen Kleinbetrieb handelt, für den ein Einstellungszwang überhaupt nicht besteht **RAG** ArbRS 6, 618; 8, 277). Dem hatte sich die Rechtsprechung zum überwiegenden Teil angeschlossen. Hueck und das **LAG** Mannheim AP 53 Nr. 23 verneinen den Schutz, da die nach der Rspr. des **RAG** zulässige Anfechtung den Schwerbeschädigten schlechter stellen. Entsprechend dem allgemeinen Grundsatz, daß eine rückwirkende Vernichtung des Arbeitsverhältnisses nicht möglich ist (s. a. Anm. 12) wird man an der Rspr. des **RAG** grundsätzlich festhalten müssen, dem AG aber die Kündigung mit Zustimmung der Hauptfürsorgestelle zubilligen müssen (vgl. Wilrodt Gotzen § 14a 26—27, Sellmann-Evermann § 14 Anm. 31, 32). Der Zustimmung der Hauptfürsorgestelle bedarf es auch, wenn Arbeitsbedingungen ohne Einverständnis des Schwerbeschädigten geändert werden sollen, z. B. Kurzarbeit eingeführt wird, es sei denn, daß dies im Einklang mit einer Gesamtregelung geschieht (**RAG** ArbRS 10, 407; 12, 53. 308; 7 S. 99, 269; 8, 15). Über die Grenzen des Bestimmungsrechts des Unternehmers beim Schwerbeschädigten, insbesondere über Beschäftigungswechsel kraft dieses Bestimmungsrechts s. **RAG** ArbRS 7, 253; 9, 186; 12, 53; 37, 132. Die Hauptfürsorgestelle hat die Zustimmung zu erteilen, wenn der Lohn noch 3 Monate fortgezahlt wird, ebenso bei Betriebseinschränkungen, falls die Pflichtquote nicht unterschritten ist. Sie soll erteilt werden, wenn dem Schwerbeschädigten ein anderer angemessener Arbeitsplatz zugesichert ist oder bei Einstellung eines anderen oder wenn der Schwerbeschädigte über 65 Jahre alt ist (§ 18).

Der Kündigungsschutz ist auch nicht wie früher von einem besonderen Anerkennungsbescheid abhängig. Dieser ist vielmehr nur Beweismittel **BAG** 5, 209. Er gilt auch nicht für Beamte (vgl. § 35 u. **RAG** ArbRS 38, 311).

Anm. 18

Die Zustimmung der Hauptfürsorgestelle (deren Entscheidung nicht von den Arbeits- oder Sozialgerichten, sondern von den Verwaltungsgerichten auf ihre Gesetzes- und Rechtsmäßigkeit nachzuprüfen ist, vgl. Sellmann-Evermann § 26 A 29, Golzen Anm. zu AP Nr. 3 § 14 SchwerbeschG,) muß klar und bestimmt sein und darf unter Bedingungen und Einschränkungen nur ausgesprochen werden, soweit diese mit den Grundsätzen des Schwerbeschädigtengesetzes und mit dem Wesen der Kündigung vereinbar sind; unzulässig, unwirksam und einer Versagung gleichzustellen ist daher z. B. eine Zustimmung unter der Bedingung, daß der Schwerbeschädigte später im Rahmen der Einstellungspflicht bevorzugt wieder eingestellt werde (**RAG** ArbRS 4, 113; 10, 322; 17, 523). Die Fürsorgebehörde muß auch selbst prüfen, ob die Voraussetzung des § 18 Abs. 2a vorliegt und darf diese Feststellung nicht anderen Stellen überlassen (**RAG** ArbRS 27, 317). Einstweilige Versagung macht die Kündigung unwirksam, wird sie auf weitere Vorstellungen erteilt, so wirkt die Zustimmung nicht zurück, wird sie auf Beschwerde erteilt, so hat der Beschwerdeausschuß zu bestimmen, wann das Arbeitsverhältnis enden soll (§ 17 II). Wird sie zunächst unter Vorbehalt abgelehnt, später erteilt, so wirkt die Zustimmung nicht zurück, die Kündigungserklärung aber bleibt mit Wirkung von der Erteilung der Zustimmung an bestehen (**RAG** ArbRS 27, 103).

Die Notwendigkeit einer Zustimmung entfällt, wenn das Arbeitsverhältnis durch Zeitablauf endigt, es also einer Kündigung überhaupt nicht bedarf (**RAG** ArbRS 14, 311; 16, 66; 423) oder wenn der Arbeitsvertrag gemäß §§ 119, 123 BGB wirksam angefochten wird, da die Anfechtung, wenn sie auch keine rückwirkende Kraft hat, doch einer Kündigung nicht gleich steht (BAG AP Nr. 2 zu § 123; vgl. Nikisch Lehrb. I 670 und Golzen Anm. zu AP Nr. 9 zu § 14 SchwbG). Ebenso wenn der Schwerbeschädigte selbst kündigt oder nach der Kündigung des Dienstberechtigten in die Vertragsauflösung einwilligt (**RAG** ArbRS 27, 185). An ein Einverständnis oder Verzicht auf die Rechte aus dem Schwerbeschädigtengesetz sind jedoch strenge Anforderungen zu stellen. Der Wille nicht wieder tätig zu werden, muß sich eindeutig aus seinen Erklärungen oder Handlungen ergeben. Das Arbeitsverhältnis erlischt auch nicht ohne weiteres, wenn der Schwerbeschädigte seine früheren Dienste nicht mehr leisten kann. Der Arbeitgeber muß vielmehr abwarten, zu welchen Arbeiten er noch fähig ist und ihn wenn irgend möglich mit anderen Arbeiten beschäftigen BAG 2, 121. Nur wenn der Arbeitnehmer dauernd völlig arbeitsunfähig ist, bedarf es der Zustimmung nicht **BAG** 5, 209.

Entsprechend der früheren Rspr. des **RAG** (ArbRS 10, 97; 335; 349; 12. 61; 46. 366) ist dem Schwerbeschädigten, falls er infolge seiner im Rentenbescheid festgesetzten Beschädigung wieder arbeitsunfähig wird, der Lohn fortzuzahlen, bis sein Arbeitsverhältnis mit Zustimmung der Hauptfürsorgestelle gelöst ist (str.). Keine Anwendung des Schwerbeschädigtenschutzes bei Arbeiten im Auslande (**RAG** ArbRS 13, 3).

Anm. 19

6. Mutterschutz. Nach § 9 des Bundesgesetzes zum Schutze der werktätigen Mutter v. 24. 1. 1952 (BGBl. 69) sind Kündigungen während der Schwangerschaft und bis 4 Monate nach der Niederkunft unzulässig, wenn dem Arbeitgeber zur Zeit der Kündigung die Schwangerschaft bekannt ist oder ihm innerhalb einer Woche mitgeteilt wird. Es genügt Vermutung der Schwangerschaft, wenn bis zum Ende der

Kündigungsfrist Nachweis durch ärztliches Zeugnis geführt wird. Die 2-Wochenfrist ist eine Ausschlußfrist. In besonderen Fällen kann die oberste Landesbehörde oder die von ihr betraute Stelle, evtl. unter Fortgewähr der Leistungen aus § 13, eine Kündigung zulassen. Diese Zulassung muß aber vor der Kündigung erteilt sein, sie macht eine vorher ausgesprochene Kündigung nicht etwa rückwirkend wirksam (h. M. vgl. **LAG** Mannheim AP 53 Nr. 34). Hausgehilfinnen und Tagesmädchen können aber nach dem 5. Monat der Schwangerschaft gekündigt werden. Die Anfechtung des Arbeitsvertrages gemäß §§ 119, 123 **BGB** steht der Kündigung nicht gleich, sie kann auch während der Sperrfristen und ohne Zustimmung erfolgen **BAG** AP Nr. 2 zu § 123 BGB.

Anm. 20

7. Kündigungsschutz für Wehrmachtsangehörige. Nach § 2 des Gesetzes über den Schutz des Arbeitsplatzes bei Einberufung zum Wehrdienst (Arbeitsplatzschutzgesetz) vom 20. 3. 1957 (BGB 293) ruht ein unbefristetes Arbeitsverhältnis während des Wehrdienstes (Grundwehrdienst und Wehrübung) und darf auch nicht gekündigt werden. Auch Kündigungen vor und nach dem Wehrdienst wegen der Einberufung sind unzulässig, auch darf die Einberufung bei notwendigen Kündigungen nicht bei der Auswahl berücksichtigt werden. Die Einberufung kann wichtiger Grund zur Lösung des Arbeitsverhältnisses sein, bei unverheirateten AN in Betrieben mit 5 oder weniger AN, wenn dem AG die Weiterbeschäftigung infolge Einstellung eines Ersatzmannes nach der Entlassung nicht zugemutet werden kann. Die Kündigung muß aber mindestens 2 Monate vor der Entlassung aus dem Wehrdienst ausgesprochen werden.

Anm. 21

IV. Besondere Fälle. Über den Einfluß des Todes des Dienstberechtigten und des Dienstverpflichteten s. § 613. Über die beim Konkurs des Dienstberechtigten sowie im Falle des Vergleichsverfahrens zustehende Kündigung s. KO § 22 und Vergleichsordnung v. 26. 2. 1935 (RGBl. I, 321) §§ 50y. Auf Lehrverhältnisse findet § 22 KO mit der Maßgabe Anwendung daß sie durch die Kündigungs fristlos aufgehoben werden (**RAG** 9, 32; **RAG** WarnRspr. 1932 Nr. 88). — In Betracht kommen für die selbständig Tätigen auch die Bestimmungen über die Unmöglichkeit der Leistungen in §§ 323—325. Insbesondere besteht kein Anspruch des Dienstverpflichteten auf Vergütung, wenn ein zufälliges Ereignis ihm die Leistung vollständig, nicht bloß vorübergehend unmöglich macht und das Vertragsverhältnis aufhebt. Anders dagegen, wenn der Dienstpflichtige die Dienste leisten kann und will, der Dienstherr aber infolge eines zufälligen Ereignisses (z. B. Brand oder Explosion in seiner Fabrik) keinen Gebrauch davon machen kann: hier besteht nur ein Kündigungsrecht des Dienstherrn nach § 626 mit der Verpflichtung zur Leistung der dem Pflichtigen bis zur Kündigung etwa erwachsenen Vergütung (§ 628). Auf dem Gebiete der abhängigen Arbeit schlagen hier die Grundsätze über die Tragung des Betriebsrisikos ein (vgl. Vorbem. III 2).

§ 621

Ist die Vergütung nach Tagen bemessen, so ist die Kündigung an jedem Tage für den folgenden Tag zulässig.

Ist die Vergütung nach Wochen bemessen, so ist die Kündigung nur für den Schluß einer Kalenderwoche zulässig; sie hat spätestens am ersten Werktage der Woche zu erfolgen.

Ist die Vergütung nach Monaten bemessen, so ist die Kündigung nur für den Schluß eines Kalendermonats zulässig; sie hat spätestens am fünfzehnten des Monats zu erfolgen.

Ist die Vergütung nach Vierteljahren oder längeren Zeitabschnitten bemessen, so ist die Kündigung nur für den Schluß eines Kalendervierteljahrs und nur unter Einhaltung einer Kündigungsfrist von sechs Wochen zulässig.

E I 563 II 560; M 2 464; P 2 296.

Anm. 1

1. Die **Kündigungsfristen** können nach dem BGB für beide Teile in verschiedener Dauer vereinbart werden (JW 04, 223[9]), sofern eine solche Vereinbarung nicht gegen § 138 verstößt (**RG** JW 04, 233[6]). Für Handlungsgehilfen, gewerbliche Arbeiter und Angestellte müssen aber die Fristen für beide Teile gleich sein. (sie dürfen mindestens nicht für den Angestellten ungünstiger sein (vgl. Nikisch I 584; Hueck Lehrb. I 515). Besondere (teilweise abweichende) Bestimmungen über die Kündigungsfristen für Handlungsgehilfen im HGB §§ 66—69, für Handlungslehrlinge im HGB §§ 77, 78, für gewerbliche Gehilfen in der GewO § 122, für das gewerbliche Lehrlingsverhältnis in der GewO § 127b, für Betriebsbeamte, Werkmeister, Techniker in der GewO §§ 133a ff. § 10 der Richtlinien für Hausgehilfen v. 22. 5. 1952 BABl. S. 285. Für die Angestellten der Krankenkassen, Berufsgenossenschaften s. RVO §§ 354 (dazu **RAG** ArbRS 27, 107; 28, 24), 693 **RG** 121, 221). Für die Berechnung der Fristen gelten die §§ 186ff., insbesondere § 193 (**RAG** ArbRS 6, 348; 8, 444; 26, 185), es sei denn, daß die Kündigung nicht an einen bestimmten Termin gebunden ist oder die Kündigungsfrist sehr kurz ist (vgl. **RAG** ArbRS 32, 186).

Die Fristen sind Mindestfristen, sie können von dem Kündigenden überschritten werden, sei es aus seinem eigenen Interesse oder im Interesse der anderen Vertragspartei, die, wenn ihr das nicht genehm ist, von sich aus kündigen muß. Die Mindestfristen können auch vor oder bei der Kündigung durch Vereinbarung verlängert werden und es kann dies auch aus den Verhandlungen bei den Verträgen, z. B. bei der Bezeichnung als Lebens- oder Dauerstellung oder der Aufgabe einer sicheren Stellung entnommen werden. Eine in einem Betrieb bestehende Übung über den Ausschluß von Kündigungsfristen oder Zulässigkeit der Kündigung zum Schlusse des Arbeitstages ist aber für einen neu eintretenden nur bindend, wenn ihm diese Übung irgendwie bekannt ist (**RAG** ArbRS 34, 324).

Anm. 2

2. **Ordentliche Kündigung** mit gesetzlicher Kündigungsfrist. Besteht die für die Dienste zu gewährende Vergütung aus Bar- und Naturallohn und werden beide Lohnarten nach verschiedenen Zeitarten berechnet, so bestimmt der wesentlichere Teil der Vergütung die gesetzliche Kündigungsfrist (**RAG** 10, 40). Auf Musiker, die nur an bestimmten Tagen der Woche in einer Gastwirtschaft beschäftigt werden und deren Lohn nach Tagen bemessen ist, findet nicht § 621, sondern RGewO § 122 (mangels abweichender Vereinbarung Kündigung mit 14tägiger Frist) statt (**RAG** ArbRS 20, 308). Eine verspätete Kündigung wird zum nächstzulässigen Termin wirksam, wenn aus der Erklärung auf den Willen zur endgültigen Beendigung des Dienstverhältnisses zu schließen ist (**RAG** ArbRS 20, 21, 6).

§ 622

Das Dienstverhältnis der mit festen Bezügen zur Leistung von Diensten höherer Art Angestellten, deren Erwerbstätigkeit durch das Dienstverhältnis vollständig oder hauptsächlich in Anspruch genommen wird, insbesondere der Lehrer, Erzieher, Privatbeamten, Gesellschafterinnen, kann nur für den Schluß eines Kalendervierteljahrs und unter Einhaltung einer Kündigungsfrist von sechs Wochen gekündigt werden, auch wenn die Vergütung nach kürzeren Zeitabschnitten als Virteljahren bemessen ist.

E I 563 II 561; M 2 464; P 2 296.

Anm.

Diese **besondere Kündigungsvorschrift für Dienste höherer Art** (§ 627 Anm. 1), bei der also im Gegensatze zu § 621 die Bemessung der Vergütung nicht in Betracht kommt, entspricht den für Handlungsgehilfen und gewerbliche Betriebsbeamte geltenden Bestimmungen des HGB § 66 und der GewO § 133a. Der Angestellte muß fähig sein, auf Grund seiner Ausbildung oder langjähriger Übung besonders schwierige Arbeiten zu leisten oder selbständige Entscheidungen entsprechend den wechselnden Verhältnissen zu treffen und durch seine Stellung, z. B. Anweisungsbefugnis an andere Angestellte oder durch überdurchschnittliches Gehalt herausgehoben sein. Eine Verkehrsanschauung, daß alle Büro- und Verwaltungsangestellten hinsichtlich der Kündigung gleich zu behandeln seien, besteht nicht **BAG** 2, 119. Liegt keine Anstellung mit festen Bezügen (**RAG** ArbRS 32, 174) vor, so bleibt es bei der Regel des § 621.

§ 623

Ist die Vergütung nicht nach Zeitabschnitten bemessen, so kann das Dienstverhältnis jederzeit gekündigt werden; bei einem die Erwerbstätigkeit des Verpflichteten vollständig oder hauptsächlich in Anspruch nehmenden Dienstverhältnis ist jedoch eine Kündigungsfrist von zwei Wochen einzuhalten.

E I 563 II 562; M 2 464; P 2 296.

Anm. 1

1. Auch diese ein **Dienstverhältnis von unbestimmter Dauer** voraussetzende Vorschrift — sonst ist § 620 Abs. 1 anzuwenden, s. Anm. 1 Abs. 1 dort — kann durch Vereinbarung abgeändert werden. Über die Kündigung von Rechtsverhältnissen von längerer Dauer, die ein persönliches Zusammenarbeiten und daher ein gutes Einvernehmen und gegenseitiges Vertrauen erfordern, s. § 626 Anm. 1.

Anm. 2

2. Die Zweiwochenfrist beruht auf Billigkeitsrücksichten, um diesen Dienstverpflichteten die nötige Frist zur Aufsuchung eines anderen Dienstes zu geben.

§ 624

Ist das Dienstverhältnis für die Lebenszeit einer Person oder für längere Zeit als fünf Jahre eingegangen, so kann es von dem Verpflichteten nach dem Ablaufe von fünf Jahren gekündigt werden. Die Kündigungsfrist beträgt sechs Monate.

E I 563 II 562; M 2 464.; P 2 296.

Anm. 1

1. Kündigung bei einem für die Lebenszeit einer Person oder auf länger als fünf Jahre eingegangenen Dienstverhältnis. Die Vorschrift beruht auf sozialpolitischen und volkswirtschaftlichen Gründen, insbesondere auf der Erwägung, daß eine längere als fünfjährige Gebundenheit den — meist wirtschaftlich schwächeren — Dienstverpflichteten im Widerstreite mit der modernen Entwicklung übermäßig in der persönlichen Freiheit beschränke. Die Vorschrift ist daher zwingender Natur (**RG** 80, 277). Sie ist auf dienstvertragsähnliche Verhältnisse anwendbar (**RG** 78, 424) und gilt auch für Hausgehilfen. Die Kündigung steht nur dem Dienstverpflichteten zu. Abgesehen von dieser Kündigungsbefugnis bleibt der Vertrag zu Recht bestehen (**RG** WarnRspr. 08 Nr. 142). Verstößt aber die Länge der Dienstzeit gegen die guten Sitten, so tritt nach § 138 Nichtigkeit des ganzen Vertrags ein. Darüber, daß ein sog. Bühnenanstellungsvertrag, durch den eine Schauspielerin von dem Unternehmer auf eine lange Reihe von Jahren wirtschaftlich völlig abhängig wird, gegen die guten Sitten verstößt, vgl. **RG** WarnRspr. 1913 Nr. 187.

§ 624 setzt nach Wortlaut und Zweck nur voraus, daß ein Dienstverhältnis für länger als fünf Jahre eingegangen ist. Er **unterscheidet nicht,** ob das Dienstverhältnis auf **einem oder mehreren Verträgen** beruht, und ob es letztenfalls durch den zweiten Vertrag unter den bisherigen Bedingungen verlängert ist oder ob die Vertragsbedingungen abgeändert sind; es genügt, daß der Dienstverpflichtete sich demselben Dienstberechtigten gegenüber durch die mehreren Verträge zu gleichen oder gleichartigen Diensten verpflichtet hat und die in den Verträgen vereinbarte Gesamtdauer des Dienstverhältnisses fünf Jahre übersteigt. Jedoch ist eine Einschränkung zu machen. Muß einerseits zur Vermeidung einer Umgehung des § 624 zweifellos angenommen werden, daß die Verlängerung eines fünfjährigen Dienstverhältnisses gleich nach dem Antritt des Dienstes dem § 624 untersteht, so fordern doch anderseits berechtigte Interessen der Vertragsparteien, daß die Verlängerung des Dienstverhältnisses schon eine angemessene Zeit vor dem Ablaufe der fünf Jahre zulässig sei. Welche Frist als angemessen zu erachten ist, kann nur nach den besonderen Umständen des einzelnen Falles bestimmt werden. Entscheidend ist, ob der Dienstverpflichtete bereits die für Fortsetzung oder Abbruch des Dienstverhältnisses maßgebenden Umstände zu übersehen vermag (**RG** 80, 277). In dem dieser Entscheidung zugrunde liegenden Falle ist angenommen worden, daß ein Schauspieler sich regelmäßig im fünften Vertragsjahre auf weitere fünf Jahre unkündbar binden könne.

Anm. 2

2. **Für die Lebenszeit „einer Person"**, also entweder für die eigene Lebenszeit des Verpflichteten oder für diejenige des Dienstberechtigten oder für diejenige eines Dritten. Die Zusage einer Lebensstellung bedeutet aber nicht eine feste Anstellung auf Lebenszeit, sondern nur, daß bei befriedigender Leistung und guter Zusammenarbeit die Stellung dauernd sei und nicht ohne besonderen Grund gekündigt würde (**RAG** ArbRS 5, 29; 28, 332; 31, 78). Vgl. § 620 Anm. 1b.

Anm. 3

3. **Für längere Zeit als fünf Jahre**, sei es, daß die Zeitdauer ausdrücklich vereinbart ist oder der vertragliche Zweck der Dienste (§ 620 Anm. 1) nicht innerhalb fünf Jahren erreicht wird. Die Kündigung nach § 624 ist auch dann zulässig, wenn der Verpflichtete die Dienste nicht in Person (§ 613) zu leisten braucht. Auf ein Dienstverhältnis, das auf Lebenszeit eingegangen ist, finden bei Handlungsgehilfen nicht die §§ 66, 67 HGB, sondern § 624 BGB Anwendung (**RAG** ArbRS 16, 477). Anstellungsverträge der Vorstandsmitglieder einer Aktiengesellschaft dürfen nur auf höchstens fünf Jahre abgeschlossen werden; andernfalls sind sie für die überschießende Zeit unwirksam (Aktiengesetz § 75).

§ 625

Wird das Dienstverhältnis nach dem Ablaufe der Dienstzeit von dem Verpflichteten mit Wissen des anderen Teiles fortgesetzt, so gilt es als auf unbestimmte Zeit verlängert, sofern nicht der andere Teil unverzüglich widerspricht.

E 565 II 564; M 2 468; P 2 301.

Anm. 1

1. Die **stillschweigende Verlängerung** des Dienstverhältnisses ist hier anders als bei der Sachmiete in § 568 geordnet, insofern sie durch unverzüglichen Widerspruch (§ 121) ausgeschlossen wird. Auch hier bleibt aber für das fortgesetzte Dienstverhältnis der gesamte Vertragsinhalt, mit Ausnahme der auf die Beendigung (z. B. Kündigung) bezüglichen Vereinbarungen, bestehen. Wenn der Verpflichtete das Dienstverhältnis fortsetzt, gibt er zugleich seine hierauf gerichtete Willensmeinung zu erkennen, so daß es für die Verlängerung nur noch auf die hierauf gerichtete Willensmeinung des Berechtigten ankommt. Aus welchem Grunde die Dienstzeit abgelaufen ist (Bestimmung im Vertrag, Kündigung), begründet für die Anwendung des § 625 keinen Unterschied. Ist der Dienstverpflichtete trotz der Kündigung weiter beschäftigt worden, so steht der Umstand, daß das bittweise geschehen ist, der Annahme einer Fortsetzung des Dienstverhältnisses auf unbestimmte Zeit nicht notwendig entgegen (**RAG** ArbRS 3, 192). Die im § 625 liegende Fiktion einer vereinbarten Verlängerung greift aber nicht Platz, wenn nach den Umständen Einigkeit der Parteien darüber anzunehmen

ist, daß die Dienste nur vorläufig bis zur Vereinbarung über eine Verlängerung geleistet werden sollen (**RAG** ArbRS 16, 284; 18, 42). § 625 kann auch keine Anwendung finden, wenn die Parteien schon vor dem Ablauf des alten Vertrags darüber einig sind, daß dieser in unveränderter Gestalt nicht fortgesetzt werden soll (**RAG** ArbRS 13, 45). Dem unverzüglichen Widerruf bei Fortsetzung des Dienstes nach Ablauf der Dienstzeit muß es auch gleich stehen, wenn der Vertragsverlängerung oder der Verlängerung des Vertrags unter den bisherigen Bedingungen schon vorher widersprochen worden ist (**RG** 140, 314).

Anm. 2

2. Verlängerung auf unbestimmte Zeit, nicht nur auf die Zeit der tatsächlichen Verlängerung. Es gilt hiernach für das verlängerte Verhältnis die gesetzliche Kündigung nach §§ 621 bis 623 (**RG** JW 08, 139[8]), nicht eine vertragliche Kündigungsfrist, es müßte denn sein, daß gerade für den Fall der Fortsetzung des Dienstverhältnisses besondere Vereinbarungen getroffen sind oder werden (**RAG** ArbRS 36, 7). — § 625 ist auch auf den Agenturvertrag anwendbar (**RG** JW 08, 139[8]).

Anm. 3

3. Wegen der **Beweislast** s. § 568 Anm. 2.

§ 626

Das Dienstverhältnis kann von jedem Teile ohne Einhaltung einer Kündigungsfrist gekündigt werden, wenn ein wichtiger Grund vorliegt.

E I 465 II 564; M 2 468; P 2 301.

Übersicht

I. Bedeutung und Geltungsbereich des § 626.

Anm. 1

1. Es ist ein **allgemeiner Rechtsgrundsatz,** daß Rechtsverhältnisse von längerer Dauer, die ein persönliches Zusammenarbeiten der Beteiligten, ein gutes Einvernehmen und gegenseitiges Vertrauen erfordern, bei Vorliegen eines wichtigen Grundes jederzeit gelöst werden können (**RG** 169, 207 mit Nachweisungen **BGH** NJW 57, 336). Das BGB spricht dies für die nach ihm zu beurteilenden Dienstverhältnisse (der selbständig Tätigen) allgemein aus. § 626 steht also neben den sonstigen Kündigungsbestimmungen der §§ 620—625. Der Grundsatz gilt im Arbeitsrecht auch für die kaufmännischen Angestellten des § 70 HGB und für die gewerblichen Angestellten, die Betriebsbeamten, Werkmeister und Techniker des § 133b GewO trotz Anführung einzelner Kündigungsgründe (**RAG** ArbRS 44, 176), dagegen nicht für die gewerblichen Arbeiter. Denn für sie sind die Gründe, die zur fristlosen Auflösung des Arbeitsverhältnisses berechtigen, in den §§ 123, 124 GewO, §§ 82, 83 PrABG, § 25 B.Schiff.G, nicht aber nach dem SeemannsG (vgl. §§ 64, 65) im einzelnen genau aufgezählt, die fristlose Kündigung damit auf ganz bestimmte, grobe Verstöße gegen die Vertragspflichten begrenzt. Nur wenn das Dienstverhältnis nicht mit kurzer Frist gelöst werden kann, sei es weil die Kündigung wie bei Betriebsratsmitgliedern gänzlich (**BAG** 1, 189) oder sonst durch Abschluß eines Arbeitsvertrages über 4 Wochen zeitlich ausgeschlossen ist, sei es wie bei Schwerbeschädigten oder Müttern eingeschränkt ist (§§ 14ff. des Schwerbeschädigtengesetzes v. 16. 6. 1953, § 9 MuttSchG), sei es weil gesetzliche oder vertragliche (Einzel- oder Gesamtvereinbarung) Kündigungsfristen über 14 Tage bestehen, ist auch hier das Recht zur vorzeitigen Lösung des Arbeitsverhältnisses aus wichtigem Grund gegeben (§ 124a GenO).

Anm. 2

2. Durch die Bestimmungen der §§ 626—628 ist die **vorzeitige Lösung** des Dienstverhältnisses abschließend und **erschöpfend geregelt,** ein Rücktrittsrecht aus §§ 315, 326 oder wegen Änderung der Geschäftsgrundlage kommt daneben nicht in Betracht (**RG** 95, 158; **RAG** ArbRS 25, 119; 26, 7). Die Vorschriften sind auch insofern **zwingend,** als das Recht zur Kündigung wegen wichtigen Grundes — selbst bei einer Anstellung auf Lebenszeit — nicht gänzlich ausgeschlossen werden kann (vgl. Anm. 14, 15). Dagegen ist es zulässig, die gesetzlichen Kündigungsgründe zu erweitern, d. h. festzulegen, daß bestimmte Tatsachen stets zur fristlosen Lösung berechtigen sollen (**RAG** ArbRS 2, 27; 30, 62). Von vertraglichen Abreden über das außerordentliche Kündigungsrecht sind aber einzelvertragliche oder gesamtvertragliche Bestimmungen zu unterscheiden, die das ordentliche Kündigungsrecht einschränken, sei es im Interesse des Dienstberechtigten, um diesem wertvolle Fachkräfte zu sichern, sie es um dem Dienstverpflichteten eine Dauer- oder Lebensstellung zu gewähren, im öffentlichen Dienst zur Angleichung ihrer Stellung an die der Beamten. Sie können entweder im Zusammenhang mit der Festlegung der Vertragszeit auf lange Zeit oder ohne dem getroffen werden, indem sie die Kündigung beiderseits nur bei Vorliegen näher gekennzeichneter Gründe oder allgemein aus wichtigen oder triftigen Gründen zulassen. Auch wenn keine Kündigungsfrist vorgesehen ist, wird sie doch entsprechend dem Zweck der Abrede eine gemessene Zeit vorher ausgesprochen werden müssen, wenn nicht ohne weiteres die gesetzlichen Kündigungsfristen gelten sollen. Auch sind dem Zwecke der Abrede entsprechend an den wichtigen Grund geringere Anforderungen als bei der außerordentlichen Kündigung zu stellen. Insbesondere werden Veränderungen der wirtschaftlichen Verhältnisse hierbei eine Rolle spielen, da dem Dienstberechtigten gerade wegen der Unübersehbarkeit der Verhältnisse die Möglichkeit zur Lösung des Vertrages gegeben sein, also das Risiko verringert werden soll (**RAG** ArbRS 31, 307; 33, 97). Das außerordentliche Kündigungsrecht wird durch solche Abreden nicht berührt, bleibt vielmehr stets gegeben (**RAG** ArbRS 38, 90, BGH 8, 364).

Anm. 3

II. Der Begriff des wichtigen Grundes i. S. des § 626 setzt einen Sachverhalt voraus, der bei verständigem Ermessen dem einen oder anderen Teile die Fortsetzung des Vertragsverhältnisses nicht mehr zumutbar erscheinen läßt. Es kommt hierbei nicht darauf an, ob die Umstände, die diesen Sachverhalt herbeigeführt haben, auf ein Verschulden des einen Vertragsteiles beruhen (**BAG** 2, 214). Sie können schon längere Zeit zurückliegen, ja schon vor Abschluß des Dienstvertrages eingetreten sein, auch in dem Vorleben des AN ihre Stütze finden und selbst gegenüber einer Anstellung auf Lebenszeit zur Geltung gebracht werden. Immerhin genügt, zumal bei einem schon längere Zeit zurückliegenden Ereignis, nicht bloß die subjektive Befürchtung des AG, daß ihm durch Unterlassen der Kündigung Nachteile entstehen, sondern es muß sich bei Anlegung eines objektiven Maßstabes eine erhebliche Beeinflussung des Vertrauensverhältnisses ergeben, was je länger das Ereignis zurückliegt, um so schwerer angenommen werden kann. Auch darf die nachträgliche Ausübung eines so tief einschneidenden

Rechtsbehelfes nicht gegen Treu und Glauben, bzw. gegen die Treu- und Fürsorgepflicht verstoßen, es müssen deshalb insbesondere die Nachteile berücksichtigt werden, die den AN infolge Aufhebung des Arbeitsverhältnisses treffen, z. B. Verlust von Ruhegeldansprüchen (**BAG** 2, 207). Ein Grund zur sofortigen Auflösung des Vertragsverhältnisses kann auch in der Person des Dienstberechtigten liegen, insbesondere in einem auf ihn ausgeübten Druck, der ihn zur Kündigung zwingt, wenn anders er seine Stellung und die Fortführung seines Betriebes nicht gefährden will (**RAG** ArbRS 7, 474; 27, 11; 31, 37; 40, 3). Unter Umständen wird ihm aber nach den Grundsätzen der Aufopferungsansprüche (§ 75 Einl. ALR) ein billiger Schadensausgleich zu gewähren sein (vgl. Herschel Festg. für Lehmann II 662, Nikisch Lehrb. I 592).

Anm. 4

Bei der Prüfung sind nicht nur die Interessen der einzelnen Vertragsteile, sondern auch der Allgemeinheit wie der die Beteiligten verbindenden engeren Gemeinschaft, auf dem Gebiete des Arbeitsrechts insbesondere die Forderungen der Betriebsgemeinschaft, die Pflicht zu gegenseitiger Treue zu berücksichtigen. Sie können unter Umständen eine Entlassung ohne weiteres begründen, aber auch umgekehrt Handlungen, die, nur vom Standpunkt der Vertragsteile aus betrachtet, die Entlassung begründen würden, im allgemeinen Interesse nicht rechtfertigen oder doch in einem so milden Lichte erscheinen lassen, daß sie nicht mehr als wichtiger Grund zur fristlosen Kündigung angesehen werden können. Die Annahme eines wichtigen Grundes setzt, wie erwähnt, keineswegs immer und notwendig ein **Verschulden** desjenigen voraus, gegen den sich die Kündigung richtet (**RAG** ArbRS 17, 74; 40, 52). Auch eine gutgläubig begangene, lediglich objektive Vertragsverletzung kann die Kündigung des anderen Teiles rechtfertigen (**RG** WarnRspr. 1912 Nr. 70), wie auch umgekehrt die Wichtigkeit des Grundes durch objektive Begleitumstände (Folgen der Entlassung **RAG** ArbRS 33, 363, unbewußte Kränkung des Dienstverpflichteten durch den kündigenden Dienstberechtigten) entkräftet werden kann (**RG** WarnRspr. 1937 Nr. 150). Auch eine Schädigung desjenigen, der kündigen will, wird nicht vorausgesetzt (**RG** 4. 1. 1916 III 184/15). Grundsätzlich wird auch nicht dadurch, daß der Kündigende selbst die Umstände herbeigeführt hat, auf die er die Kündigung stützt, die Rechtmäßigkeit der Kündigung ausgeschlossen. Wie überhaupt nach der Lage des Einzelfalls zu entscheiden ist, ob ein wichtiger Grund vorliegt, so ist auch nach der Gesamtheit der besonderen Umstände zu prüfen, ob einem Kündigungsgrunde deswegen die Anerkennung zu versagen ist, weil der Kündigende ihn durch ein eigenes Verhalten herbeigeführt hat.

Anm. 5

Gegenüber **Mitgliedern des Vorstandes** einer Aktiengesellschaft, einer Genossenschaft, eines rechtsfähigen Vereins und gegenüber **leitenden Angestellten** ist, insbesondere soweit die Vertrauensfrage in Betracht kommt, ein strengerer Maßstab anzulegen als etwa gegenüber Handlungs- und Gewerbegehilfen oder Personen, die mehr Dienste einfacher, mechanischer Art zu leisten haben (**RG** WarnRspr. 1914 Nr. 156; **RAG** ArbRS 33, 311, **BAG** 2, 214). Grober Vertrauensbruch bei dem Vorstandsmitgliede einer Aktiengesellschaft, so z. B. Abschluß von Spekulationsgeschäften durch eine vorgeschobene Person mit der eigenen Gesellschaft s. **RG** 75, 234. Unbefugte Ausstellung und Verheimlichung eines Wechsels durch den Leiter eines kaufmännischen Unternehmens s. **RG** JW 1928, 9208[3]. Besteht gegen das Vorstandsmitglied einer Aktiengesellschaft, Genossenschaft usw. der Verdacht eines pflichtwidrigen Verhaltens, so wird dem Verdächtigen in der Regel Gelegenheit zur Rechtfertigung zu geben sein, bevor eine fristlose Kündigung ausgesprochen wird (**RG** JW 1930, 2701[3]). — Ebenfalls ist ein besonderer Maßstab aus der Person des Dienstberechtigten anzulegen, wenn es sich um eine öffentliche Körperschaft mit ihrer besonderen Verantwortung gegenüber der Allgemeinheit handelt.

Kündigt der Dienstberechtigte, so ist bei der Frage des wichtigen Grundes auch zu prüfen, ob ihm nicht die Einhaltung der, vielleicht verhältnismäßig kurzen, vertraglichen Kündigungsfrist zuzumuten ist (**RG** JW 1936, 2305/; **RAG** HRR 1934 Nr. 1218). Bei der Prüfung der Rechtmäßigkeit einer fristlosen Kündigung sind auch die vermögensrechtlichen Folgen der Auflösung des Vertragsverhältnisses (z. B. außergewöhnlich hohe Schadensersatzansprüche nach § 628) zu berücksichtigen (**RG** 94, 166), auch Verlust von Ruhegeldansprüchen (**BAG** 2, 207). Zu berücksichtigen ist ferner auch die Bedeutung gerade der fristlosen Entlassung für das Fortkommen des Entlassenen (**RAG** ArbRS 40, 3). Besonders strenge Anforderungen sind an fristlose Kündigungen zu stellen bei lange dauernden Dienstverträgen, bei denen sich der Dienstverpflichtete wirtschaftlich mit seiner ganzen Existenz auf den Bestand des Vertrages eingestellt hat (**RG** JW 1937, 2827[7], **BAG** 2, 214, 333).

Anm. 6

2. Berücksichtigung älterer Vorkommnisse und neuer Kündigungsgründe.

a) Bei der Beurteilung von Entlassungsgründen können beim Hinzutritt neuer Verfehlungen des Dienstpflichtigen auch **ältere Vorkommnisse**, denen der Dienstherr einstweilen ein größeres Gewicht nicht beigelegt hatte, herangezogen werden. Regelmäßig werden nur die bei oder nach Abschluß des Dienstvertrags vorgekommenen Tatsachen in Betracht kommen, unter Umständen aber auch solche Gründe, welche schon vor Abschluß des Dienstvertrags entstanden waren, aber nach dieser Zeit fortgedauert oder fortgewirkt haben und dem Kündigungsberechtigten erst nachträglich bekannt geworden sind (**RG** JW 1907, 543[4]; 1938, 1392[9]), in diesem Falle unbeschadet einer Anfechtung des Dienstvertrags nach §§ 119, 123. Als ausreichende Fortwirkung darf aber nicht schon die bloß subjektive Befürchtung des Dienstberechtigten, das frühere Ereignis könne ihm nachteilig sein, angesehen werden; vielmehr muß sich bei objektiver Beurteilung eine Beeinflussung des Vertragsverhältnisses ergeben, was um so weniger anzunehmen sein wird, je weiter das Ereignis, z. B. eine frühere Bestrafung des Dienstverpflichteten, zurückliegt (**RAG** ArbRS 17, 475). Nachträglich bekannt werdende Bestrafungen als Entlassungsgrund, insbesondere solche wegen Betrugs und Urkundenfälschung bei einem Bankangestellten, auch wenn die Strafen durch Straffreiheitsgesetze erlassen sind s. **RAG** ArbRS 26, 272. Entläßt der Konkursverwalter einen Angestellten des Gemeinschuldners, so ist die Frage, ob ein wichtiger Grund hierfür vorliegt nicht vom Standpunkt des Gemeinschuldners, auch nicht ausschließlich von dem der Gläubiger aus zu beurteilen, sondern aus der besonderen Stellung und Aufgabe des Konkursverwalters; der Angestellte kann daher ein vor der Konkurseröffnung liegendes Verhalten nicht schlechthin damit entschuldigen, daß er auf Weisung des Gemeinschuldners und in dessen Interesse tätig geworden sei (**RAG** ArbRS 25, 192, 194).

Anm. 7

b) Auch ein nach der Kündigung eingetretener Kündigungsgrund ist zu beachten (**RG** 88, 128; 122, 38; 142, 268; vgl. 32, 249), aber er kann eine Lösung des Dienstverhältnisses grundsätzlich nur von dem Zeitpunkte an herbeiführen, in dem er dem andern Vertragsteil gegenüber geltend gemacht wird (**BAG** 2, 251 in Abweichung von der früheren Rechtsprechung des **RAG**). Anders nur, wenn der neue Grund zur Verstärkung bereits früher vorhandener Kündigungsgründe dienen, dem früheren Verhalten ein größeres Gewicht geben soll. Soll dagegen der nachgeschobene Grund die Entlassung allein rechtfertigen, so bedarf es eines erneuten Ausspruches der Entlassung, die auch in eindeutigen Prozeßhandlungen gefunden werden kann (**BAG** 3, 13). Die Entlassung eines Handlungsgehilfen kann aber nicht nachträglich damit gerechtfertigt werden, daß er, nachdem er die Entlassung für unbegründet erklärt und seine Dienste dem Dienstherrn zur Verfügung gestellt hatte, in ein Wettbewerbsgeschäft eingetreten sei und schon vorher für dieses die Kunden seines bisherigen Dienstherrn zu gewinnen gesucht habe (**RG** 88, 128; **RG** LZ 1918, 568[10] und 696[8]). Vorbereitende Maßnahmen zur Gründung eines Wettbewerbsunternehmens sind in der Regel kein Entlassungsgrund (**RAG** ArbRS 35, 168). Der Dienstverpflichtete, und im ganz besonderen Maße ein Dienstverpflichteter in höherer Stellung, hat sich indessen so lange vertragsmäßig zu verhalten, als er das Fortbestehen des Vertrags für sich in Anspruch nimmt (**RG** JW 1934, 281[1]). Diese Pflicht hört nicht dadurch auf, daß der Dienstberechtigte das Fortbestehen leugnet und ihm die Vertragserfüllung unmöglich macht. Für die

Beurteilung der Wichtigkeit des Grundes kann freilich das bestehende „Kampfverhältnis" in Betracht kommen (**RG** JW 1937, 1146[5]; **RG** WarnRspr. 1911 Nr. 176). Dies gilt in gleicher Weise auch für das Verhalten des Dienstberechtigten.

Anm. 8

3. Nachprüfung in der Revisionsinstanz. Da die Frage, ob die Umstände im einzelnen Fall einen wichtigen Grund enthalten, im allgemeinen tatsächlicher Natur ist, kann in der Revisionsinstanz nur geprüft werden, ob der Rechtsbegriff der wichtigen Gründe richtig angewendet ist, ob ein bestimmtes Handeln, eine bestimmte Eigenschaft oder ein bestimmtes Ereignis an sich, d. h. ohne die tatsächlichen Besonderheiten des Einzelfalles einen wichtigen Grund zur sofortigen Auflösung des Dienstverhältnisses bilden kann. Natürlich muß der Tatrichter die besonderen Umstände des Falles erschöpfend und rechtlich einwandfrei, namentlich im Einklang mit den Grundsätzen von Treu und Glauben und mit den gegenseitigen Treupflichten der Beteiligten erwogen haben. Unterlassungen in dieser Hinsicht rechtfertigen ebenfalls die Aufhebung und Zurückverweisung (st. Rspr. **RG** 78, 22; 110, 297; **RAG**ArbRS 16, 270; 40, 52; 41, 199; 46, 52; **BAG** 2, 207; AP Nr. 67 zu § 626).

4. Einzelfälle

Anm. 9

a) Gründe für die Kündigung des Dienstpflichtigen; andauernde Kränkung und soziale Schädigung von seiten des AG (**RG** 24.3.1905 III 8/05); Verletzung der Vertragspflicht einer Stadtgemeinde, das Ansehen der Direktoren ihrer technischen Werke zu wahren (**RG** LZ 1924, 461[4]); Nichtzahlung, unregelmäßige Zahlung und längere Vorenthaltung des Gehalts; **RG** WarnRspr. 1926 Nr. 176; 1930 Nr. 9); Verletzung der Pflicht, die weiblichen Angestellten vor unsittlichen Angriffen ihrer Vorgesetzten zu schützen (**RAG** ArbRS 5, 159; 368//28); willkürlicher, ehrenkränkender Mißbrauch der Machtbefugnis einer Krankenkasse gegenüber den bei ihr angestellten wirtschaftlich schwächeren Ärzten (**RG** JW 1912, 348[13]). Ein bloßer Gesinnungswechsel des Vertragschließenden, eine Änderung seiner Überzeugung in der Richtung, daß er den Abschluß des Vertrags — der ihm früher unbedenklich erschien — später nach gründlicher Überlegung als unehrenhaft ansieht, kann keinen wichtigen, zur sofortigen Lösung des Vertragsverhältnisses berechtigenden Grund abgeben; jedenfalls dann nicht, wenn die maßgebenden Umstände von dem Vertragschließenden schon zur Zeit des Vertragsschlusses in ihrer Bedeutung gewürdigt werden konnten (**RG** 78, 22). Kündigung eines agenturähnlichen Verhältnisses wegen einer zwischen den Vertragsteilen ausgebrochenen Feindschaft s. **RG** WarnRspr. 1925 Nr. 63. Über die Frage, ob sich der Verleger einer Zeitung einer die Kündigung des Hauptschriftleiters rechtfertigenden Vertragsverletzung schuldig macht, wenn er gegen dessen Willen ein neues Mitglied in die Schriftleitung beruft oder ihm einen Stellvertreter beiordnet, s. **RG** 112, 34. Beachtung des Kündigungsgrundes mit Rücksicht auf ein Wettbewerbsverbot (HGB § 75 Satz 1) auch dann, wenn der vertragswidrig behandelte Gehilfe den Dienst nicht sofort, sondern unter Einhaltung der Kündigungsfrist verläßt (**RG** 56, 372).

Anm. 10

b) Gründe für die Kündigung des Dienstberechtigten: Schwere Ehrenverletzungen und schwerwiegende Verdächtigungen des Dienstberechtigten und seiner leitenden Angestellten durch den Dienstverpflichteten, auch wenn sie wegen Wahrnehmung berechtigter Interessen nicht strafbar sind (**RG** 114, 174; **RAG** ArbRS 28, 51; 30, 120, 239; 34, 222), aber nicht Anrufung der Gewerkschaften **LAG** Hamm AP 51 Nr. 184. Leichtfertige Angeberei einer in der Familie Angestellten (DJ 1934, 1446); nicht aufgeklärte Fehlbeträge in der Kasse (**RAG** ArbRS 6, 575); vertragswidriger Ausschank von Alkohol, unrichtige Angaben über das Eigentum an angebrachten Gegenständen bei dem Bewirtschafter einer Kantine (**RG** WarnRspr. 1931 Nr. 195), Vertrauensmißbrauch eines Geschäftsleiters (**RAG** WarnRspr. 1932 Nr. 102). Unsittliches und Ärgernis gebendes (Konkubinats-) Verhältnis eines Fabrikdirektors (**RG** 38, 116), desgl. eines Handlungsgehilfen (**RG** 27. 11. 1900 III 240/00). Beharrliche

Arbeitsverweigerung i. S. § 123 Nr. 3 Nr. 3 GewO, die auch schon in einem einmaligen Vorgang zum Ausdruck gekommen sein kann (**RAG** ArbRS 27, 289; **BAG** AP Nr. 5 zu § 123 GewO), sie setzt außerdem in der Regel Bewußtsein der Pflichtwidrigkeit voraus, d. h. der AN muß mindestens mit der Möglichkeit des Bestehens einer Arbeitspflicht bei vernünftiger Würdigung aller Umstände gerechnet haben (**RAG** ArbRS 11, 529; 28, 273). **LAG** Frankfurt AP 50 Nr. 243). Dauernde oder vorübergehende Arbeitsunfähigkeit, falls die Dauer nicht abzusehen ist, z. B. Erkrankung und Untersuchungshaft (**RAG** ArbRS 13, 487; 15, 161; 23, 168 **BAG** AP Nr. I zu § 123 GewO), Neigung zum Trinken (**RAG** ArbRS 37, 303). Mangelnde Tauglichkeit und mangelhafte Leistungen (**RAG** ArbRS 11, 80; 20, 94, 280). Verschuldung der AN nur, wenn sie mit sonstigen Pflichtverletzungen verbunden ist (**RAG** ArbRS 3, 73). Streitigkeiten von AN untereinander, falls eine Zusammenarbeit nicht mehr möglich ist (**RAG** ArbRS 40, 32). Kein wichtiger Kündigungsgrund ist im Hinblick auf Art. 3 I GG die Verheiratung des Arbeitnehmers (vgl. § 1 Vorbem. 2) und mit Rücksicht auf Art. 3 III 5 GG die politische Gesinnung und Betätigung, soweit nicht dadurch der Frieden unter den AN gestört wird (**BAG** 1, 185.

Anm. 11

Kein Grund zur fristlosen Kündigung ist die **Aufgabe des Geschäfts** oder die Einstellung gewisser Abteilungen. Denn grundsätzlich muß der Dienstberechtigte die **wirtschaftliche Gefahr des Betriebs** tragen; er kann ihn nur unbeschadet der Ansprüche seiner Angestellten einstellen (vgl. **RG** 87, 351 **BGH** 24, 92). Nur eine ganz besondere Gestaltung der wirtschaftlichen Lage, ein den Fortbestand ernstlich bedrohender Niedergang des Gesamtunternehmens kann eine andere Beurteilung rechtfertigen (vgl. **RG** JW 1927, 245[3]; 1934, 925[1]; **RG** HRR 1930 Nr. 772; **RAG** ArbRS 16, 477; 19, 21, 239; 21, 162, **BAG** 5, 20). Das gilt auch für den Konkursfall (**RAG** ArbRS 15, 507; 23, 192). Anordnung der Zwangsverwaltung als wichtiger Grund zur Kündigung des langjährigen Vertrags eines Angestellten im landwirtschaftlichen Nebenbetriebe s. **RG** 14, 216. Zwangsversteigerung eines Gutes als Grund zur Entlassung des dort Beschäftigten s. **RAG** DJZ 1933, 626. Zahlungseinstellung als wichtiger Grund zur Entlassung eines Schwerbeschädigten s. **RAG** ArbRS 16, 429. Entlassung wegen polizeilicher Untersagung des Gewerbebetriebes s. **RAG** ArbRS 19, 159; 21, 162; wegen Besorgnis polizeilicher Schließung und dadurch begründeter Unmöglichkeit einer ordnungsmäßigen Fortführung des Betriebes s. **RAG** ArbRS 24, 115.

Anm. 12

Teilnahme an einem legitimen **Streik** (vgl. **BAG** AP Nr. 2. 3 zu Art. 9 GG) berechtigt nach der Entscheidung der Großen Senats **BAG** 1. 291 den Arbeitgeber nicht zur fristlosen Entlassung der einzelnen Arbeitnehmer, wohl aber kann er als kollektive Gegenmaßnahme die Streikenden aussperren, alsdann endet das Arbeitsverhältnis. Die Wiedereinstellung der einzelnen steht in seinem Ermessen, falls eine Wiedereinstellungsklausel fehlt. Dagegen ist Teilnahme an einem wilden, d. h. von den Gewerkschaften nicht durchgeführten oder tarifwidrigen oder sozial inadäquaten Streik ein Verstoß gegen die Arbeitspflichten und berechtigt zur fristlosen Entlassung (vgl. **BAG** 2, 75 AP Nr. 2 Art. 9 GG). Über den Begriff der Teilnahme vgl. **BAG** 4, 41.

Bloße **Verfehlungen** eines **Betriebsratsmitgliedes** gegen seine **Amtspflichten** bilden noch keinen wichtigen Kündigungsgrund; sie können aber zugleich einen Verstoß gegen seine Pflichten aus dem Arbeitsverhältnis enthalten und unter diesem Gesichtspunkt die Entlassung rechtfertigen (**RAG** ArbRS 33, 85; 34, 382 **BAG** 1, 185. Doch erhöht die Betriebsratseigenschaft nicht die Bedeutung seiner Pflichtverleszung (**BAG** 2, 139).

Anm. 13

Die Entdeckung einer Jahre zurückliegenden **Vorstrafe** eines Angestellten bildet im allgemeinen keinen Grund zur fristlosen Kündigung; auch nicht eine falsche damit zusammenhängende Auskunft, es sei denn, daß die Straftat für die jetzt von ihm auszuübende Tätigkeit bedeutsam sein kann (**RAG** ArbRS 36, 347 **BAG** AP Nr. 2 zu § 123 BGB), welche die Gefahr begründen, daß der Dienstverpflichtete seine Vertragspflichten ordnungsmäßig zu erfüllen nicht imstande sein werde, können die Entlassung rechtfertigen, selbst wenn sich die Besorgnis später als unbegründet herausstellt (**RG** SeuffArch. 80 Nr. 118; JW 1933, 869).

Anm. 14

Als wichtiger Grund zur fristlosen Kündigung kann unter Umständen auch schon der **Verdacht einer pflichtwidrigen Handlung** des Dienstverpflichteten in Betracht kommen; der Verdacht muß aber auf Tatsachen gegründet sein und so schwer wiegen, daß ein vernünftiger Mann unter Berücksichtigung der Persönlichkeit des Dienstverpflichteten daraus Mißtrauen gegen dessen Zuverlässigkeit schöpfen kann; auch erfordert die gegenseitige Treue, daß der Dienstberechtigte die Verdachtsgründe prüft und den Dienstverpflichteten nach Möglichkeit in der Aufklärung des Sachverhalts unterstützt, unter Umständen auch, daß er mit dem Ausspruch der fristlosen Entlassung bis zum Abschluß der polizeilichen Ermittlungen oder dem Ausgang eines Strafverfahrens wartet (**BAG** 2, 1. 207; 333). Über die Pflicht zur Wiedereinstellung nach Ausräumung des Verdachts vgl. **BGH** AP 611 Fürsorgepflicht Nr. 2 m. Anm. v. Hueck. Auch ein nach polizeilichen Erhebungen begründeter Verdacht der Betriebssabotage kann genügen; Sache des Entlassenen wäre es demgegenüber, den Verdacht zu widerlegen (**RAG** ArbRS 21, 145; 25, 121), ebenso der Verdacht eines groben Vertrauensbruches **RAG** ArbRS 360.

Anm. 15

Druckkündigung. Von außen her und ohne Verschulden des Dienstverpflichteten auf das Dienstverhältnis einwirkende Ereignisse können die sofortige Lösung durch den Dienstberechtigten rechtfertigen, wenn sie eine Beziehung zur Person des Dienstverpflichteten haben, und seine Weiterbeschäftigung als den berechtigten Interessen des Dienstberechtigten so schädlich oder doch gefährlich erscheinen lassen, daß diesem die Fortsetzung des Dienstverhältnisses nicht zuzumuten ist. Dem Dienstberechtigten kann es auch bei unberechtigten, von Dritten gegen den Dienstverpflichteten erhobenen Vorwürfen nicht zugemutet werden, sich schützend vor diesen zu stellen, wenn nach vernünftigem Ermessen eine schwere Gefährdung der eigenen Interessen damit verbunden ist (**RAG** ArbRS 13, 184; 17, 474; 22, 211; 23, 190, 194; 42, 103). **BAG** AP Nr. 1 § 626 (Druckkündigung).

Anm. 16

III. Ausübung des Kündigungsrechts

Die Kündigung muß nicht sofort nach Bekanntwerden des wichtigen Grundes, aber doch innerhalb einer angemessenen Überlegungsfrist erfolgen (**RAG** ArbRS 20, 208; 33, 97; 44, 121). **Den Kündigungsgrund bei der Kündigung anzugeben** ist nicht grundsätzlich erforderlich. Mit Rücksicht auf die Wirkung einer fristlosen Lösung des Dienstverhältnisses auf spätere Bewerbungen und zwar auch bei den selbständig Tätigen kann aber nach Treu und Glauben und der gegenseitigen Treupflicht eine Angabe der Gründe geboten sein und die unberechtigte Weigerung eine Schadensersatzpflicht oder auch das Recht zur fristlosen Kündigung des Entlassenen begründen (vgl. § 620 Anm. 8). Die Kündigung kann nachträglich auch auf andere als die ursprünglich geltend gemachten gestützt werden, vorausgesetzt, daß der Kündigende nicht durch sein früheres Verhalten zu erkennen gegeben hatte, daß er aus diesen Gründen nicht kündigen wolle (**RAG** ArbRS 12, 101). Aus Handlungen des einen Teils, mit denen der andere selbst vorher einverstanden war, kann der letztere regelmäßig einen Kündigungsgrund nicht ableiten; doch lassen sich Ausnahmefälle denken (HRR 1933 Nr. 5). Die Kündigung kann — nicht muß (**BAG** 4, 315) — statt mit sofortiger Wirkung, auch für einen angemessenen späteren Termin, also auch mit gesetzlicher kürzerer oder längerer Frist ausgesprochen werden (**RAG** ArbRS 44, 132, **BAG** 1, 185; 4, 20). Eine unbegründete fristlose Entlassung gilt aber nach § 11 II

KSchG im Zweifel nicht als Kündigung für den nächst zulässigen Termin, während nach der früheren Rechtsprechung (**RG** 105, 133; 122, 28; **RAG** ArbRS 36, 49; 47, 143) die gegenteilige Vermutung bestand, es ist also Tatfrage. Nach § 11 I 2 KSchG muß die Unwirksamkeit von dem Arbeitnehmer — ausgenommen leitenden Angestellten, Arbeitnehmer in Kleinbetrieben, weniger als 6 Monate beschäftigte oder noch nicht 20 Jahre alt (**BAG** 1, 271, 279) — aber binnen 3 Wochen mittels Klage geltend gemacht werden, anderenfalls sie von Anfang wirksam ist (vgl. § 620 Anm. 11). Ebenso wenn der Gekündigte mit der Auflösung des Arbeitsverhältnisses einverstanden ist, und nur ein Zeugnis und seine Arbeitspapiere verlangt (**LAG** Düsseldorf AP 51 Nr. 41). Ergeben sich vor diesem Termin neue Entlassungsgründe, so kann dies noch nachträglich zu fristloser Auflösung des Dienstverhältnisses führen (**RAG** JW 1929, 2921[3]). Immer aber muß, wenn § 626 Anwendung finden soll, eine **fristlose Kündigung ausgesprochen** sein. Das bloße Vorliegen eines wichtigen Grundes löst das Dienstverhältnis nicht von selbst auf (**BAG** 3, 13) und der Kündigungsberechtigte muß seinen Willen fristloser Kündigung dem anderen Teil unzweideutig (sei es auch nur durch schlüssige Handlungen) zu erkennen gegeben haben. Eine ordentliche Kündigung läßt sich daher nicht einfach in eine solche nach § 626 umdeuten, es muß sich vielmehr der Wille des Kündigenden, das Dienstverhältnis auf jeden Fall sofort aufzulösen, aus seinen Erklärungen unzweideutig ergeben (**RG** 122, 38; **RAG** ArbRS 30, 49, 283 **BAG** AP Nr. 1 § 1 KSchG). Es kann auch bei Kündigung mit vertraglicher Frist nicht die Ausübung des Rechtes auf fristlose Entlassung für längere Zeit vorbehalten bleiben (**RG** 123, 216). Eine grundlose oder vorzeitige Kündigung kann für den, dem sie zugeht, einen Antrag auf Aufhebung des Dienstverhältnisses enthalten (vgl. § 553 Anm. 4; **RAG** ArbRS 31, 107) oder ihm einen begründeten Anlaß abgeben, nun seinerseits zu kündigen. Wird ein Dienstvertrag im gegenseitigen Einverständnis vorzeitig gelöst, dem Dienstverpflichteten aber als Abfindung die Fortzahlung des Gehalts bis zu einem bestimmten Zeitpunkt zugesagt, so tritt an die Stelle des bisherigen Dienstvertrages ein einseitiges Schuldverhältnis; für eine Anwendung des § 626 ist kein Raum mehr (**RG** 1. 7. 1925 III 88/25). Bedeutung einer fristlosen Kündigung nach vorgängiger Lösung des Dienstverhältnisses auf Grund der Vergleichsordnung s. HRR 1934 Nr. 793 (Arglisteinrede gegenüber Schadensersatzansprüchen).

Anm. 17

5. Verzicht, Verwirkung. Ob ein Verzicht auf Kündigung wegen wichtigen Grundes im voraus zulässig ist, ist streitig. Mit der herrschenden Meinung wird indessen anzunehmen sein, daß auf das Recht, ein Dienstverhältnis fristlos aus wichtigem Grunde zu kündigen, **nicht im voraus** verzichtet werden kann. Denn die Vorschrift des § 626 soll die Erwerbs- und Geschäftsfreiheit der Beteiligten wahren und ist daher zwingender Natur. So auch **RG** 69, 365; **RAG** ArbRS 39, 206; **RG** JW 1919, 16, 240[5]; 79, 1 vgl. auch Art. 12 GG. Das Gesetz beruht auf dem Gedanken, daß bei dem Dienstverhältnisse nicht vorgesehene Umstände eintreten können, welche die sofortige Aufhebung des Dienstverhältnisses erheischen, wenn nicht das Interesse der einen oder anderen Partei in unbilliger Weise geschädigt werden soll. Das Gesetz will bei unvorhergesehenen Ereignissen die Billigkeit entscheiden lassen und kann es daher nicht zulassen, das Kündigungsrecht aus wichtigen Gründen im voraus auszuschließen oder zu beschränken. Das hindert zwar nicht, daß über die Wichtigkeit von Gründen zur fristlosen Kündigung des Dienstverhältnisses Vereinbarungen getroffen werden, namentlich auch nach der Richtung, daß nur gewisse Tatsachen oder gewisse Tatsachen nicht oder nur unter bestimmten erschwerenden Umständen einen wichtigen Grund bilden sollen, insbesondere auch, daß der Dienstverpflichtete in bezug auf Entlassungsmöglichkeiten einem Beamten gleichgestellt werden soll (**RG** JW 1937, 1639[10]; HRR 1937 Nr. 643; s. auch **RAG** ArbRS 2, 27; 40, 86; 41, 199). Aber auch wenn die Parteien darüber einig waren, daß gewisse Tatsachen zur Aufhebung des Vertragsverhältnisses nicht berechtigen sollen, so können doch bei besonderer Gestaltung der Verhältnisse auch solche Gründe die Aufhebung herbeiführen; die Vereinbarung kommt dann nur bei der Entscheidung über die Frage der Wichtigkeit in Betracht (**RG** 75, 238; **RAG** ArbRS 38, 30). Noch viel weniger kann aus dem Umstande, daß im Vertrage einzelne Kündigungsgründe festgelegt sind, geschlossen werden, daß nicht aus einem anderen Grunde gekündigt werden könne (**RG** WarnRspr. 1911 Nr. 175; **RAG** ArbRS 38, 90).

Anm. 18

Das Kündigungsrecht darf auch nicht mittelbar wesentlich beschränkt werden, insbesondere nicht durch Vertragsstrafen (**RG** 75, 238). Es darf die fristlose Entlassung auch weder durch Tarifvertrag noch durch Betriebsvereinbarung noch durch Einzelvertrag von der **Zustimmung der Betriebsvertretung** abhängig gemacht werden. Die in § 66 BetrVG vorgeschriebene Anhörung des Betriebsrates vor der Kündigung ist auch keine Wirksamkeitsvoraussetzung (**BAG** AP Nr. 14 zu § 622; Nr. 10 zu § 66 BetrVG). Zulässig ist dagegen eine Bestimmung, daß die Kündigungen, insbesondere fristlose Entlassungen nur mit Zustimmung des Aufsichtsrates oder einer höheren Dienststelle ausgesprochen werden dürfen, da dies nur eine interne Begrenzung der Vertretungsmacht ist. Unzulässig ist die Beschränkung der fristlosen Kündigung gegenüber einem Krankenkassenarzt durch die Vereinbarung, daß die Kasse den Arzt nur auf den Antrag des Vertrauensausschusses und nur nach zweimaliger zeitweiser Ausschließung von der Kassentätigkeit entlassen dürfe (**RG** JW 1919, 240[5]). Es ist aber zulässig, falls eine offene Handelsgesellschaft von einer politischen Partei nur zu dem Zwecke gegründet ist, das Parteiblatt nach den Weisungen der Partei herauszugeben, bei der Anstellung der Schriftleiter zu vereinbaren, daß sie, obgleich Angestellte der Gesellschaft, nicht von dieser, sondern ausschließlich von dem Vorstand oder einem anderen Organ der Partei entlassen werden dürfen (**RG** 96, 197). Vgl. § 723 Anm. 7.

Anm. 19

Dagegen erscheint ein **nachträglicher**, auch stillschweigender, **Verzicht** zulässig; er kann insbesondere dann angenommen werden, wenn der Kündigungsgrund bereits eingetreten und von dem zu einer Geltendmachung Berechtigten trotz davon erlangter Kenntnis längere Zeit nicht geltend gemacht worden ist (**RG** 38, 116; 122, 38); dies auch dann, wenn derjenige, gegen den ein Kündigungsgrund gegeben ist, nicht weiß, daß dieser dem Kündigungsberechtigten bekannt ist (**RG** 4. 1. 1927 III 32/26); sofortige Geltendmachung ist nicht vorgeschrieben (vgl. HGB §§ 70, 75; **RG** 56, 373; **RAG** 16, 41); insbesondere bedeutet die Entlassung mit einer Frist keinen Verzicht auf das Recht der fristlosen Entlassung, namentlich gegenüber einem Betriebsratsmitglied (**RAG** 1, 188). Der Dienstberechtigte darf unter Umständen den Ausgang eines Strafverfahrens abwarten, ehe er die Entlassung ausspricht (**RAG** ArbRS 15, 383; 20, 61; 28, 64), er darf aber mit der Aufklärung des Vorfalles und der Kündigung nicht so lange warten, daß der AN darin einen Verzicht erblicken kann (**RAG** ArbRS 28, 64). Unregelmäßigkeiten in der Geschäftsführung können von einem neuen Vereinsvorstand nicht als Entlassungsgrund gegen den Geschäftsführer geltend gemacht werden, wenn der frühere Vereinsvorstand trotz ihrer Kenntnis den Anstellungsvertrag verlängert hatt (**RAG** ArbRS 23, 163). Von dem Verzicht auf das Kündigungsrecht ist zu unterscheiden die Verzeihung, mit der zum Ausdruck kommt, daß der sonst etwa zur Kündigung Berechtigte ein Verhalten des andern Teils selbst nicht für so schwerwiegend hält, daß ihm die Fortsetzung des Vertragsverhältnisses nicht zuzumuten sei. Die Verzeihung verhindert die Entstehung eines Kündigungsrechts oder entzieht einem bereits entstandenen nachträglich die rechtfertigende Grundlage. Eines (ausdrücklichen oder stillschweigenden) Verzichts auf das Kündigungsrecht bedarf es dazu nicht. — Soweit die Voraussetzungen für einen Verzicht im einzelnen Falle nicht vorliegen, kann doch das Recht zur Kündigung durch längeres Nichtgeltendmachen nach Treu und Glauben gemäß § 242 verwirkt sein (**RG** JW 1938, 1403[17]; **RAG** ArbRS 18, 302; 26, 7; 27, 14; 28, 121; 38, 226).

§ 627

Hat der zur Dienstleistung Verpflichtete, ohne in einem dauernden Dienstverhältnisse mit festen Bezügen zu stehen, Dienste höherer Art zu leisten, die auf Grund besonderen Vertrauens übertragen zu werden pflegen, so ist die Kündigung auch ohne die im § 626 bezeichnete Voraussetzung zulässig.

Der Verpflichtete darf nur in der Art kündigen, daß sich der Dienstberechtigte die Dienste anderweit beschaffen kann, es sei denn, daß ein wichtiger Grund für die unzeitige Kündigung vorliegt. Kündigt er ohne solchen Grund zur Unzeit, so hat er dem Dienstberechtigten den daraus entstehenden Schaden zu ersetzen.

E II 565 III 618; P 2 302.

Anm. 1

1. **Kündigung bei Diensten höherer Art,** z. B. Diensten als Arzt (auch als sog. Hausarzt), Lehrer, Rechtsanwalt (**RG** WarnRspr. 1926 Nr. 165), Künstler, Hebamme, Kommissionär (**RG** JW 1905, 20[17]) Inkassobeauftragter (**OLG** Hamburg GJ 41, 797). Kommissionsvertrag s. **RG** SeuffArch. 87 Nr. 147. Vgl. § 622. Die Vorschrift findet sowohl auf dauernde, als auf nicht dauernde Dienstverhältnisse Anwendung (**RG** 80, 30). Hierher gehört z. B. auch der Fall, daß eine große Fabrik die „gesamte Führung ihrer Feuerversicherungsgeschäfte" einem Versicherungsagenten ausschließlich überträgt (**RG** 26. 5. 1925 III 351/24). Es genügt aber nicht, daß die Dienste eine besondere Fachkenntnis, Kunstfertigkeit oder wissenschaftliche Bildung voraussetzen und regelmäßig nur solchen Personen übertragen werden, die diese Eigenschaften besitzen oder bei denen sie erwartet werden. Es muß hinzukommen, daß die Dienste im allgemeinen — gleichgültig, ob im einzelnen Fall — nur zufolge besonderen Vertrauens übertragen zu werden pflegen (**RG** 82, 283; 146, 116). Die Vorschrift gilt daher nicht für das Dienstverhältnis des bauleitenden Architekten (**RG** 82, 285; a. M. **OLG** Hamm SJZ 50, 751). Sie ist auch nicht auf Schiedsrichter anwendbar. Der Schiedsrichter kann nur kündigen, wenn ihm ein wichtiger Grund zur Seite steht (**RG** 59 S. 247, 249; 101, 389; 126, 382; **RG** 12. 4. 1932 VII/31). — § 627 greift nicht Platz bei einem dauernden Dienstverhältnisse mit festen Bezügen. Sind beide Erfordernisse erfüllt, so gilt für die sofortige Kündigung § 626 (**RG** 80, 29). Eine mehrjährige Dauer kann vertraglichen Beziehungen die Eigenschaft eines dauernden Dienstverhältnisses auch dann geben, wenn diese Dauer nicht von vornherein in Aussicht genommen, sondern erst das Ergebnis späterer Entwicklung der Vertragsbeziehungen gewesen ist (**RG** 146, 116). Die Annahme eines Dienstverhältnisses mit festen Bezügen wird nicht dadurch ausgeschlossen, daß daneben auch noch andere, im Betrage schwankende Bezüge vorgesehen sind (**RG** 146, 116). Keine Anstellung mit festen Bezügen liegt vor, wenn die Bezüge sich in jedem Jahr nach der Verschiedenheit der Menge von abgelieferten landwirtschaftlichen Erzeugnissen verschieden gestalten (**RG** 17. 1. 1922 III 87/20).

Anm. 2

2. Das **Kündigungsrecht** steht beiden Teilen zu, die aber, anders als beim § 626, auf dessen Geltendmachung vorher verzichten können (**RG** 105, 416). Zur Ausschließung der Vorschrift des § 627 bedarf es indessen eines hinreichend bestimmten Ausdrucks des hierauf gerichteten Parteiwillens; ob er vorliegt, ist Frage des Einzelfalls (vgl. **RG** 80, 29; 105, 416 mit **RG** 69, 365). Ausschließung der Vorschrift bei Kassenärzten s. **RG** HRR 1932 Nr. 1440. Die Kündigung setzt nicht voraus, daß eine Störung des Vertrauensverhältnisses eingetreten ist, kann auch aus anderen z. B. finanziellen Gründen erfolgen (**RAG** ArbRS 15, 533). — Die im Zeitpunkt der Kündigung bereits entstandenen Vergütungsansprüche bleiben bestehen; für Rechtsanwälte s. § 50 RAGebO und **RG** WarnRspr. 1926 Nr. 165 (Kündigung eines Anwaltsvertrags durch den Anwalt wegen Nichtzahlung des verlangten Vorschusses).

Anm. 3

3. Vgl. § 671 Abs. 2, 3. Im übrigen ist diese unzeitige Kündigung nicht unwirksam.

§ 628

Wird nach dem Beginne der Dienstleistung das Dienstverhältnis auf Grund des § 626 oder des § 627 gekündigt, so kann der Verpflichtete einen seinen bisherigen Leistungen entsprechenden Teil der Vergütung verlangen. Kündigt

er, ohne durch vertragswidriges Verhalten des anderen Teiles dazu veranlaßt zu sein, oder veranlaßt er durch sein vertragswidriges Verhalten die Kündigung des anderen Teiles, so steht ihm ein Anspruch auf die Vergütung insoweit nicht zu, als seine bisherigen Leistungen infolge der Kündigung für den anderen Teil kein Interesse haben. Ist die Vergütung für eine spätere Zeit im voraus entrichtet, so hat der Verpflichtete sie nach Maßgabe des § 347 oder, wenn die Kündigung wegen eines Umstandes erfolgt, den er nicht zu vertreten hat, nach den Vorschriften über die Herausgabe einer ungerechtfertigten Bereicherung zurückzuerstatten.

Wird die Kündigung durch vertragswidriges Verhalten des anderen Teiles veranlaßt, so ist dieser zum Ersatze des durch die Aufhebung des Dienstverhältnisses entstehenden Schadens verpflichtet.

E I 566 II 566; M 2 468—470; P 2 301ff.

Anm. 1

1. Der § 628 behandelt im Abs. 1 als verzichtbare Vorschrift **den Anspruch des Verpflichteten** auf Vergütung bei der außerordentlichen Kündigung nach § 626 oder § 627, mag diese Kündigung vom Berechtigten oder vom Verpflichteten erfolgt sein. Doch wird dabei vorausgesetzt, daß die Kündigung, besonders wenn sie vom Verpflichteten ausgeht, eine nach den angeführten Paragraphen gerechtfertigte war (**RAG** ArbRS 5, 52). War sie im Falle des § 626 in Ermangelung eines wichtigen Grundes nicht gerechtfertigt, so steht dem anderen Teile, da hierdurch das Vertragsverhältnis nicht beendigt ist, ein Anspruch auf Erfüllung oder Schadensersatz zu, und namentlich ist die Bestimmung in Satz 2 des Abs. 1 nicht anzuwenden. Ist ein Schaden entstanden, der über die Zeit der Vertragsdauer hinausreicht, so ist auch dieser zu ersetzen. Das Gesetz kennt keine Beschränkung des zu ersetzenden Schadens auf die Vertragszeit (vgl. M 2, 470 und **RG** JW 1912, 747[11]; WarnRspr. 1910 Nr. 267). Bei Unmöglichkeit der Leistung kommen die allgemeinen Bestimmungen der §§ 323ff. in Betracht. Doch ist für die Anwendung der §§ 325, 326 neben den Sondervorschriften der §§ 626—628 kein Raum (**RG** 92, 158; JW 1911, 106[40]; 1912, 73[12]; Gruchot 56, 598; HRR 1934 Nr. 794). — Die Vorschrift des § 628 ist grundsätzlich auf alle Dienstverhältnisse anwendbar, auch auf das Agenturverhältnis (**RG** JW 1911, 106[40]; WarnRspr. 1914 Nr. 80).

Anm. 2

2. Die Teilvergütung ist zugleich mit Berücksichtigung der für die Dienstleistung notwendig gewordenen Auslagen bei Zeitlohn wesentlich nach der bereits verwendeten Zeit, bei Stücklohn nach dem Verhältnis der geleisteten Arbeit zu berechnen. — Besondere Vorschriften für die Rücknahme des einem Rechtsanwalt erteilten Auftrags vor Beendigung der Instanz in RAGebO § 50 (dazu HRR 1934 Nr. 794). Über den Gebührenanspruch des Rechtsanwalts, der die Vertretung vorzeitig niederlegt, s. LZ 1918, 654[3].

Anm. 3

3. In den beiden hier angegebenen Fällen der vorzeitigen Kündigung steht dem Dienstpflichtigen ein Anspruch auf die Vergütung insoweit nicht zu, als seine bisherigen Leistungen infolge der Kündigung für den andern Teil **kein Interesse haben.** Beispiel: Ein Musikdirektor in einem Badeorte nimmt für die Sommermonate einen Sologeiger zur Mitwirkung bei den Kurkonzerten gegen eine monatliche Vergütung von 400 DM an. Nachdem der Geiger zunächst eine Woche lang in Konzertproben mitgewirkt hat, muß er wegen plötzlicher Erkrankung das Vertragsverhältnis kündigen. Ein Anspruch auf einen entsprechenden Teil der monatlichen Vergütung steht ihm nicht zu, da seine auf die Proben beschränkten Leistungen für den Konzertgeber kein Interesse gehabt haben. — **Beweislast:** Der Dienstpflichtige hat zu beweisen, daß die Dienstleistung bis zur Kündigung erfolgt sei und die geforderte Vergütung ihr entspreche; den Dienstberechtigten trifft die Beweislast dafür, daß der Dienstpflichtige ohne vertragswidrigen Anlaß von seiten des Berechtigten gekündigt oder seinerseits durch vertragswidriges Verhalten dessen Kündigung veranlaßt und die bisherige Dienstleistung infolge der Kündigung für den Berechtigten kein Interesse habe.

Anm. 4

4. Zu Abs. 1 S. 3; vgl. § 543 Anm. 3 u. 4. Für Dienstverhältnisse des öffentlichen Rechtes sind dessen Grundsätze, nicht § 628 Abs. 1 Satz 3 anzuwenden (**RG** 107, 189).

Anm. 5

5. Abs. 2 gibt bei **vertragswidrigem,** d. i. schuldhaft vertragswidrigem (**RG** 112, 34; WarnRspr. 1914 Nr. 80; LZ 1924, 461[4]) Verhalten des Gegners des Kündigenden, mag dies der Berechtigte oder der Verpflichtete sein, dem Kündigenden einen Anspruch auf **Schadensersatz,** bei einem gemeinsamen schuldhaften Verhalten mehrerer mit Haftung als Gesamtschuldner (s. § 840 Abs. 1 und **RG** 47, 246). Eine unverschuldete, aber kraft besonderer Abrede vom Gegner des Kündigenden zu vertretende Vertragswidrigkeit ist einer schuldhaften gleichzustellen (**RG** Gruchot 57, 961). Die Vorschrift des Abs. 2 beruht nicht auf den Besonderheiten des Dienstvertrags, sondern auf dem allgemeinen Rechtsgrundsatze, daß, wer durch sein vertragswidriges Verhalten den Grund zur Vertragsauflösung gibt, den Schaden zu tragen hat. (**RG** 76, 370; vgl. § 554 Anm. 1.) Bei vertragswidrigem Verhalten des Dienstberechtigten (insbesondere auch bei Nichtzahlung des Gehalts) kann der Verpflichtete den vollen Lohn (Gewinnanteil, **RG** WarnRspr. 1920 Nr. 21) auf die Dienstzeit unter Anrechnung des von ihm in der betreffenden Zeit etwa gemachten Nebenverdienstes, gemäß § 615 Satz 2, als Schadensersatz beanspruchen. Die früher vielfach vertretene Meinung, daß der Lohnanspruch mit dem Ablauf der zulässigen Kündigungsfrist entfalle, läßt sich für das Arbeitsverhältnis nicht mehr aufrecht erhalten. Denn der Arbeitgeber hat kein freies Kündigungsrecht mehr, das Arbeitsverhältnis endet vielmehr nur, wenn die Rechtsunwirksamkeit der Kündigung nicht gemäß § 3 KSchG geltend gemacht oder das Arbeitsverhältnis durch Urteil aufgehoben wird (§ 7), bis dahin besteht es fort. Demnach ist der Lohn solange fortzuzahlen, bis der Gekündigte einen anderweitigen Verdienst erwirbt oder zu erwarten böswillig unterläßt (vgl. Hueck Lehrbuch I 651). Der Schadensersatzanspruch unterliegt in diesem Falle der gleichen Verjährung wie die Lohnforderung (vgl. § 196 Nr. 8 und **RG** JW 1918, 550). Der ungerecht Entlassene kann aber auch den Ersatz des Schadens verlangen, der ihm über die Vertragsdauer hinaus infolge der Kündigung, z. B. in der Richtung entsteht, daß er er keine so vorteilhafte Stellung mehr erhält, als er im Falle einer ordentlichen Kündigung hätte erhalten können (**RG** JW 1912, 747[11]; WarnRspr. 1910 Nr. 267). Im einzelnen ist es Sache des Anspruchsberechtigten zu behaupten und zu beweisen, daß, wodurch und in welcher Höhe er Schaden erlitten hat (**RAG** ArbRS 5, 67). Über den Unterschied zwischen einer Kündigung des Arbeitnehmers mit der Folge aus § 628 Abs. 2 wegen einer Vertragsverletzung des Arbeitgebers und der Zurückhaltung der Arbeitsleistung mit der Folge aus § 298 s. **RAG** ArbRS 5, 52. Vgl. insbesondere wegen des Schadensersatzanspruchs im Konkurse des Dienstberechtigten bei Kündigung durch den Verwalter KO § 22 Abs. 2 und für die Kündigung im Falle des gerichtlichen Vergleichsverfahrens Vergleichsordnung v. 26. 2. 1935 (RGBl. I, 321) §§ 52, 53.

§ 629

Nach der Kündigung eines dauernden Dienstverhältnisses hat der Dienstberechtigte dem Verpflichteten auf Verlangen angemessene Zeit zum Aufsuchen eines anderen Dienstverhältnisses zu gewähren.

KB 1978.

Anm.

Gewährung von Zeit zum Aufsuchen eines anderen Dienstes. Zwingende Vorschrift (**RAG** ArbRS 3, 21), die auch entsprechende Anwendung findet, wenn ohne Kündigung, nur durch Zeitablauf, das Dienstverhältnis demnächst zu Ende gehen wird. Es ist dabei einerlei, wer gekündigt hat. Die Vergütung ist für die zum

Aufsuchen eines anderen Dienstes erforderliche, nicht übermäßige Zeit gemäß § 616 weiter zu zahlen. Ein vertraglicher Ausschluß dieses aus der Fürsorgepflicht fließenden Anspruches wird nur unter ganz besonderen Umständen als gewollt anzusehen sein; die Klausel „Bezahlt wird nur die geleistete Arbeit" wird sich in der Regel nicht darauf erstrecken (vgl. § 615 Anm. 1 a. E.); so **BAG** 4, 189 gegen **RAG** ArbRS 3, 23. Bei Verweigerung der Freizeit kann der Dienstverpflichtete von der Arbeit fortbleiben, ohne daß etwa deswegen der Dienstberechtigte fristlos kündigen oder die Fortzahlung des Lohnes verweigern könnte, **RAG** ArbRS 3, 21; **LAG** Berlin AP 51 Nr. 48. — Ersatz der Reisekosten kann der AN von dem Unternehmer nur verlangen, wenn er zur persönlichen Vorstellung aufgefordert ist, nicht aber wenn er ohne solche Aufforderung die Fahrt unternimmt, **RAG** ArbRS 14, 341; 36, 44.

§ 630

Bei der Beendigung eines dauernden Dienstverhältnisses kann der Verpflichtete von dem anderen Teile ein schriftliches Zeugnis über das Dienstverhältnis und dessen Dauer fordern. Das Zeugnis ist auf Verlangen auf die Leistungen und die Führung im Dienste zu erstrecken.

E II 568 II I 620; P 2 307.

Anm. 1

1. Verpflichtung des Dienstberechtigten zur Erteilung eines Zeugnisses. Die zwingende Vorschrift des § 630 gilt auch für Hausgehilfen. Die besonderen Vorschriften der Gesindeordnungen sind aufgehoben (Vorbem. 2a vor § 611). — § 630 kann trotz seines allgemeinen Wortlauts nicht auf alle dauernden Dienstverhältnisse angewendet werden, ist vielmehr regelmäßig nur anwendbar auf solche Dienstverhältnisse, bei denen der Dienstberechtigte über Zeit und Arbeitskraft des Dienstpflichtigen unmittelbar verfügt und die infolgedessen eine persönliche Abhängigkeit und Unterordnung begründen. Aus dieser Erwägung ist in **RG** 87, 440 eine Anwendung auf Agenturverhältnisse ganz allgemein für ausgeschlossen erklärt worden. Die seither eingetretene soziale Umschichtung der noch persönlich selbständigen Personen des Wirtschaftslebens gebietet aber eine weitgehende Gleichstellung persönlich selbständiger aber wirtschaftlich abhängiger Personen mit den Angestellten eines Unternehmers (vgl. § 92a HGB Art. 3 des Handelsvertreterges. v. 6. 8. 1953 [BGB I 771]). Demgemäß ist in **RAG** ArbRS 27, 7 dem arbeitnehmerähnlichen Handlungsagenten der Anspruch auf ein Zeugnis im Sinne des § 630 zugesprochen worden, wie er sich für den Handlungsgehilfen schon aus § 73 HGB ergibt. Ein einfacher Arbeiter kann, auch wenn er nur einen Tag als Vorarbeiter bei dem seitherigen Dienstherrn beschäftigt war, von diesem ein Zeugnis über letztere Tätigkeit verlangen (**RG** 9. 5. 1915 III 4/05). Für Handlungsgehilfen und Handlungslehrlinge s. HGB §§ 73 u. 80, für gewerbliche Arbeiter GewO § 113, für Schiffsleute SeemG § 19. Wie nach der früheren Rspr. (**RAG** ArbRS 9, 168; 20, 99) besteht auch nach der neuen Fassung des § 174 II AVAVG ein privatrechtlicher, vor den Arbeitsgerichten einklagbarer Anspruch des AN gegenüber dem AG auf Ausstellung einer Arbeitsbescheinigung. Daraus, daß in Abs. 2 jetzt das Wort „Arbeiter" fehlt, das Arbeitsamt gemäß §§ 217, 218 die Ausstellung durch Ordnungsstrafen erzwingen und nach § 260 Schadensersatz verlangen kann, folgt entgegen Krebs AVAVG Anm. 9 zu § 174 nicht, daß nicht ebenso wie in der Sozialversicherung (vgl. § 611 A 10) neben der öffentlichrechtlichen Pflicht auch eine aus der Fürsorgepflicht fließende arbeitsvertragliche Pflicht bestehen kann, zumal der Schaden des AN ein ganz anderer als der der Bundesanstalt sein kann (so auch Hueck Lehrb. I 427, Dersch [5] 7246).

Anm. 2

2. Bei der Beendigung des Dienstverhältnisses. In der Regel also erst beim Ausscheiden, doch wird aus dem Zweck des Zeugnisses, dem Dienstverpflichteten das Fortkommen zu erleichtern, nach Treu und Glauben gemäß § 242, für das Arbeitsrecht auf Grund der Fürsorgepflicht auf Verlangen ein (wenigstens vorläufiges) Zeugnis auch schon vor der Beendigung des gekündigten Dienstverhältnisses zu erteilen sein, und zwar nicht erst nach dem gesetzlichen oder vertraglichen Kündigungstermin, sondern auch vorher, wenn der AN vorzeitig seine Absicht, die Stellung aufzugeben, kundgibt. Denn falls nicht besondere Gründe vorliegen, darf der AG schon im Hinblick auf Art. 2 GG und auf Grund seiner Treupflicht den AN in dem Streben, eine bessere oder ihm sonst zusagende Stellung zu erlangen, nicht hinderlich sein und dadurch etwa einen Druck auf ihn ausüben, in seiner Stellung zu verbleiben (str.). Nach denselben Grundsätzen wird das Zeugnis auf Verlangen auch noch innerhalb einer angemessenen Frist nach Beendigung des Dienstverhältnisses zu erteilen sein. Daß ein Arbeitnehmer nicht nachträglich wirksam auf ein Dienstzeugnis verzichten könne, läßt sich in dieser Allgemeinheit nicht sagen (**RAG** ArbRS 8, 45; 17, 464).

Anm. 3

3. Das **einfache Zeugnis** hat die ausgeübte Tätigkeit in der üblichen Weise zu bezeichnen, unter Umständen sie auch näher zu schildern, wenn dies für das Fortkommen des AN von Bedeutung sein kann (**RAG** ArbRS 17, 382). Unter der Dauer ist nur die Gesamtheit der Beschäftigung anzugeben, Unterbrechungen durch Krankheit und aus sonstigen Gründen sind nicht zu erwähnen, ebenso auch nicht der Beendigungsgrund. Das Zeugnis braucht nicht beglaubigt zu werden, verlangt es der Dienstverpflichtete, so hat er die Kosten zu tragen, soweit sie nicht gemäß §§ 73, 80 HGB, § 114 GewO, § 20 SeemG von der Polizei kostenfrei zu erteilen ist.

Anm. 4

4. Ein **Führungs- und Leistungszeugnis** darf nur auf Verlangen erteilt werden. Wird aber die Erstreckung auf Führung und Leistung verlangt, so kann der Dienstberechtigte dies nicht mit der Begründung verweigern, das Zeugnis müsse insoweit ungünstig ausfallen (**RAG** ArbRS 19, 237). Besteht der Dienstverpflichtete auf einem erweiterten Zeugnis, so ist das Zeugnis in beider Hinsicht wahrheitgemäß zu erteilen. Ein nur auf die Leistungen oder die Führung beschränktes Zeugnis — neben den Angaben über Art und Dauer — kann nicht verlangt werden, da das erweiterte Zeugnis ein wahrheitsgemäßes Gesamtbild der Persönlichkeit, auch in charakterlicher Hinsicht geben soll (**RAG** ArbRS 25, 107 und überwiegende Meinung des Schrifttums). — Die Fassung des Zeugnisses steht im allgemeinen im Ermessen des Dienstberechtigten. Es müssen aber die gesetzlichen und verkehrsüblichen Bezeichnungen verwendet werden und alle für die Beurteilung wichtigen Tatsachen so genau angegeben werden, daß sich der neue AG ein vollständiges und klares Bild von der Persönlichkeit und Beschäftigung machen kann. Dagegen darf er keine Angaben machen, die mit dem Zweck des Zeugnisses nicht zusammenhängen oder, ohne durch ein berechtigtes Interesse des Dienstherrn geboten zu sein, dem Dienstpflichtigen schaden können. Unzulässig ist auch ein Vermerk über den Kündigungsgrund, wenn dieser, wie etwa eine Verfehlung vor dem Diensteintritt, weder mit der dienstlichen Führung noch mit den dienstlichen Leistungen im Zusammenhang steht, jedoch kann die Angabe, daß der AN selbst gekündigt habe, bedeutsam und deshalb erwünscht sein (**RAG** ArbRS 30, 138). Das Zeugnis über die Führung muß ein zusammenfassendes Urteil über das gesamte dienstliche Verhalten des Angestellten enthalten, soweit seine Führung in Betracht kommt, nicht nur nach einzelner Richtung, sonst kann Ergänzung verlangt werden (SeuffArch. 69 Nr. 37). Der Dienstpflichtige hat ferner Anspruch auf Abänderung des ausgestellten Zeugnisses, wenn diesem unwahre Tatsachen zugrunde gelegt sind (**RAG** ArbRS 26, 22), wofür den Dienstpflichtigen die Beweislast trifft (**RG** Recht 02, 482). — Wissentlich unwahre Angaben von Tatsachen mit dem Bewußtsein der Möglichkeit schädlicher Folgen verpflichten den Dienstberechtigten auch zum Schadensersatze gegenüber einem späteren Dienstherrn des Verpflichteten nach § 826 (**RG** JW 1905, 369[8]). Ein falsches, die Schadensersatzpflicht gegenüber Dritten begründendes Zeugnis stellt auch derjenige aus, der es auf eine bestimmte Eigenschaft (z. B. Ehrlichkeit) nicht erstreckt und dadurch den Schein erweckt, als ob diese Eigenschaft vorhanden sei, während sie in Wirklichkeit nicht vorhanden ist (SeuffArch. 72 Nr. 189; vgl. auch **RG** WarnRspr. 1916 Nr. 76 und **RG** ArbRS 31, 74). Andererseits darf bei Berufen, bei denen das Fehlen eines Vermerks über die Ehrlichkeit im Sinne des Fehlens dieser Eigenschaft gedeutet zu werden pflegt, der Dienstberechtigte, bei Meidung einer Schadensersatzpflicht gegenüber dem Dienstverpflichteten, die Bescheinigung der Ehrlichkeit nur dann verweigern, wenn entweder wirklich ein unredliches Verhalten oder doch ein durch Tatsachen begründeter Verdacht für ein solches vorliegt (**RAG** ArbRS 33, 27). Treu und Glauben, bzw. Treu- und Fürsorgepflicht verlangen, daß der Dienstberechtigte in solchen Fällen besonders sorgfältig prüft, gegebenenfalls auch den Dienstverpflichteten in der Aufklärung des Sachverhalts unterstützt. Das Zeugnis über Leistungen und Führung enthält immer ein Urteil und umschließt insoweit ein subjektives Moment; es kann daher, soweit es sich um lediglich subjektiv zu würdigende Leistungen handelt, dem Arbeitgeber auch nur ein subjektiv richtiges Urteil zugemutet werden; das Zeugnis muß aber wahr sein und darf nicht einzelne Vorfälle erwähnen, die für Dritte ein falsches Bild erwecken (**RAG** ArbRS 17, 382); und es muß auf einer objektiven Würdigung beruhen und nicht etwa schlechtweg der subjektiven Auffassung des Dienstberechtigten, sondern einer sachlichen Beurteilung entsprechen, wie sie ein verständiger und gerecht denkender Mann haben und aussprechen würde (**RAG** ArbRS 4, 166; 17, 382; 33, 27). Er darf nicht Leistungen höher bewerten, als sie zu bewerten sind (**RAG** ArbRS 19, 20). Die Aufnahme des Verdachts einer strafbaren Handlung in das Zeugnis ist nicht zulässig (**RAG** ArbRS 4, 166).

Da der Dienstberechtigte aus einem falschen Zeugnis unter Umständen Dritten gegenüber haftet, muß er auch das Recht haben, ein solches Zeugnis zu widerrufen und das unrichtige Zeugnis gegen Aushändigung eines zutreffenden zurückzufordern (vgl. Hueck Lehrbuch I 423; **LAG** Frankfurt AP 52 Nr. 77).

Anm. 5

5. Da ein Leistungs- und Führungszeugnis immer nur allgemein gehalten sein kann, für das Fortkommen der Dienstverpflichteten nähere Angaben aber von Bedeutung sein können, ist der Dienstberechtigte in Nachwirkung seiner Treu- und Fürsorgepflicht auch gehalten, später auf Anfrage eines anderen Unternehmers eingehende **Auskunft** über die Leistungen und Führung zu geben. Bei Weigerung oder unrichtiger Auskunft haftet er nicht nur aus unerlaubter Handlung, wie das **RAG** ArbRS 26, 256; 33, 74 noch annahm, sondern aus dem Vertrage wegen Verstoßes gegen seine Fürsorgepflicht (so überwiegende Meinung des Schrifttums vgl. Hueck Lehrbuch I 429, Nikisch Arbeitsrecht I 706 und auch **RAG** ArbRS 42, 145). Diese Grundsätze gelten auch für Behörden. Eine Geheimhaltungspflicht besteht für sie nicht, sie kann einer anderen Behörde im Wege der gegenseitigen Amtshilfe gemäß Art. 35 GG die Personalakten überlassen (vgl. **BAG** AP § 630 Nr. 1), wird jedoch unter Umständen darauf hinweisen müssen, daß gewisse dem Angestellten ungünstige Vorgänge nicht völlig geklärt sind (vgl. auch **BAG** AP § 611 Fürsorgepflicht Nr. 1).

FSC
www.fsc.org
MIX
Papier | Fördert gute Waldnutzung
FSC® C083411

Kolibri 360 GmbH
Ferdinand-Jühlke-Straße 7
99095 Erfurt, Deutschland
produktsicherheit@kolibri360.de